DK 621.791

FORSCHUNGSBERICHTE DES LANDES NORDRHEIN-WESTFALEN

Herausgegeben durch das Kultusministerium

Nr. 693

Prof. Dr.-Ing. Otto Kienzle
Dr.-Ing. Friedrich Wilhelm Timmerbeil
Dr.-Ing. Thomas Jordan

Einige Untersuchungen über das Schneiden von Blechen

Als Manuskript gedruckt

WESTDEUTSCHER VERLAG / KÖLN UND OPLADEN

1959

ISBN 978-3-663-03600-5   ISBN 978-3-663-04789-6 (eBook)
DOI 10.1007/978-3-663-04789-6

Gliederung

Einflüsse auf die Rückzugskräfte beim Lochen von Blechen . . . . S. 5
Dr.-Ing. Friedrich Wilhelm TIMMERBEIL

Messung der beim Lochen von Blechen auf ein Schnittwerkzeug
wirkenden Seitenkräfte . . . . S. 15
Prof. Dr.-Ing. Otto KIENZLE und
    Dr.-Ing. Thomas F. JORDAN

  1. Allgemeines . . . . S. 15
  2. Versuchsaufbau . . . . S. 16
  3. Versuchsdurchführung . . . . S. 17
  4. Ergebnisse . . . . S. 17
    4.1 Seitenkraft am Stempel . . . . S. 17
    4.2 Seitenkraft an der Schnittplatte . . . . S. 18

Die Erzielung sauberer Blech-Schnittflächen durch Schaben . . . S. 21
Prof. Dr.-Ing. Otto KIENZLE und
    Dr.-Ing. Friedrich Wilhelm TIMMERBEIL

  I. Anwendung, Einflüsse beim Vorschneiden, Schabwerkzeuge . . . S. 21
    1. Allgemeines . . . . S. 21
    2. Die Schnittflächen der Blechausschnitte bzw.
       Lochwandungen beim Vorschneiden . . . . S. 22
    3. Werkzeuge für das Schaben . . . . S. 29

  II. Schabzugaben und erzielbare Oberflächengüte . . . . S. 33
    1. Die erforderliche Schabzugabe . . . . S. 33
      1.1 Einfluß des Schnittspaltes . . . . S. 33
      1.2 Einfluß des Werkstoffes . . . . S. 35
      1.3 Einfluß der Blechdicke . . . . S. 35
      1.4 Zahlentafeln für Schabzugaben . . . . S. 36
    2. Einfluß der Schabrichtung . . . . S. 36
    3. Die erzielbare Schnittflächengüte . . . . S. 41
    4. Vergleich zwischen Schaben mit und ohne
       Schwingungsüberlagerung . . . . S. 41
    5. Zusammenfassung der Versuchsergebnisse . . . . S. 44

Das Schneiden von Blech mit dachförmig angeschliffenen
Werkzeugstirnflächen . . . . S. 45
Dr.-Ing. Friedrich Wilhelm TIMMERBEIL

   1. Vorgänge beim Vollkantschnitt . . . . S. 45

   2. Vorgänge beim dachförmig angeschliffenen
      Werkzeug . . . . S. 47

      a) Der Schneidvorgang bei dachförmigem
         Stempel . . . . S. 48

      b) Die Kraft-Weg-Kurven bei verschiedenen
         Anschliffwinkeln . . . . S. 51

      c) Optimale Anschliffhöhe bei dachförmigen
         Stempeln . . . . S. 53

   Literaturverzeichnis . . . . S. 55

Einflüsse auf die Rückzugskräfte beim Lochen von Blechen

Beim Lochen von Blechen bzw. Ausschneiden von Blechteilen preßt sich das den Stempel umgebende Blech fest auf den Schnittstempel und bildet mit ihm zeitweise eine Preßpassung. Zur Lösung dieser Preßpaßverbindung dient die Abstreiferplatte, die beim Rückhub des Schnittstempels das Blech festhält und somit vom Schnittstempel abstreift. Dabei wirkt auf den Stempel eine Rückzugskraft, die im Verhältnis zur Schnittkraft zwar gering ist, deren Kenntnis aber verschiedentlich benötigt wird. Einmal will man sie niederhalten, da bekanntlich dünne Stempel nicht selten beim Rückzug brechen und daher die Einflüsse auf ihre Größe kennen lernen; zum anderen ist ihre Kenntnis für die Bemessung der Federn bei federnden Abstreifern nötig.

Die Größe der Rückzugskraft hängt u.a. von folgenden Einflußgrößen ab:

- a) Schnittspalt,
- b) Schmierung des Werkzeuges,
- c) Beschaffenheit der Schnittkante, d.h. ob sie scharf oder abgestumpft ist,
- d) Oberflächenrauheit des Werkzeuges.

Der Einfluß des Schnittspaltes auf die Rückzugskraft ergibt sich durch den unterschiedlichen Ablauf des Schnittvorganges bei verschiedenen Schnittspalten und wird daher zweckmäßigerweise durch den Schnittvorgang selbst erläutert. Abbildung 1 bis 4 zeigen dazu das Mikrogefüge der Querschnittaufnahmen angeschnittener Blechteile bei verschiedenen Eindringtiefen des Schnittstempels und zwar bei kleinem Schnittspalt. In Abbildung 1 hat der Stempel das Werkstück zunächst nur eingedrückt. Dabei wird erkennbar, wie sich das Gefüge in der eigentlichen Schnittzone faserförmig streckt. Abbildung 2 zeigt dann bereits einen Anriß auf der Unterseite des Werkstückes. Dieser Anriß erfolgt bei scharfen Werkzeugen stets auf der Unterseite des Werkstückes, da an dieser Stelle die größte Werkstoffbeanspruchung vorliegt. Abbildung 3 zeigt den weiteren Verlauf des ersten Anrisses bei weiterem Eindringen des Schnittstempels. Abbildung 4 schließlich verdeutlicht die letzte Stufe unmittelbar vor dem eigentlichen Trennen des Werkstoffes. Der Anriß ist in einer gewissen Schichthöhe zum Halten gekommen und bildet nun einen Zipfel, während die endgültige Trennung etwa im Linienzug aa - wie in Abbildung 4

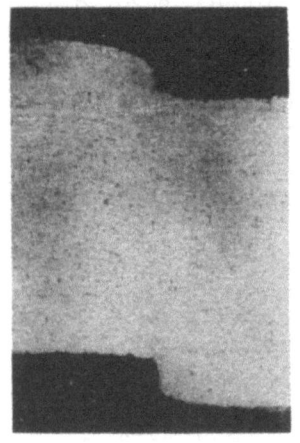  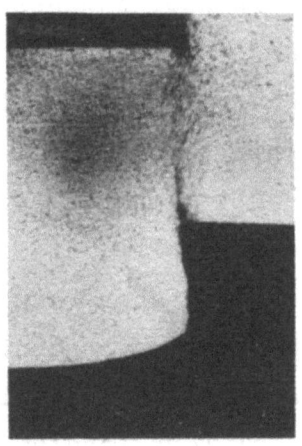 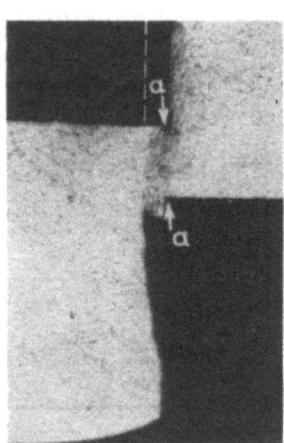

A b b i l d u n g   1 bis 4

Querschnittsaufnahmen angeschnittener Blechteile bei verschiedenen Eindringtiefen des Schnittstempels (weißgestrichelte Linie = Stempelkante bei einem Schnittspalt von 0,25 mm) V = 20 x

Abbildung 3 und 4 sind spiegelbildlich zu betrachten, da sie die den Abbildungen 1 und 2 gegenüber liegende Schnittzone zeigen

eingezeichnet - erfolgt. Bei dieser Betrachtung des Schnittvorganges wird erkennbar, daß der Stempel in diesem Fall bis 80 % der Blechdicke in den Werkstoff eingedrungen ist, bevor die endgültige Trennung des Werkstoffes einsetzt. Bis zu dieser gleichen Eindringtiefe hat dabei der Schnittstempel die Schnittfläche des umgebenden Blechstreifens durch Strecken und Verdrängen der Werkstoffasern eingeglättet, und erst in dem restlichen Teil des Blechquerschnittes entsteht eine Bruchfläche, die durch ihren größeren Durchmesser am Stempel nicht mehr zum Anliegen kommt. Die Faserstreckung und Abdrängung führt zu einer Werkstoffbeanspruchung, die im plastischen Bereich liegt. Ihr elastischer Verformungsanteil ist bestrebt, den Werkstoff entgegen der Beanspruchungsrichtung zurückzuformen. Die Tangential - und Radialspannungen in dem den Stempel umgebenden Werkstoff pressen diesen fest auf den Stempel. Da die sogenannte Fugenpressung, d.h. die auf 1 mm^2 bezogene Kraft in der Fuge zwischen Stempel und Blech, auf einen verhältnismäßig großen geglätteten Schnittflächenanteil als Preßfuge wirkt, die - wie erwähnt - in diesem Fall $0,8 \cdot s \cdot \pi \cdot d$ beträgt, so ergibt sich daraus auch eine verhältnismäßig große Rückzugskraft für den Stempel, die bei kleinem Schnittspalt etwa mit 10 % der Schnittkraft angegeben werden kann.

Ganz gegensätzlich dazu verhält sich die Rückzugskraft beim Schneiden mit großem Schnittspalt, weil nämlich hierbei der Schnittvorgang anders abläuft. Durch die Vergrößerung des Schnittspaltes tritt die Schnittkante des Schnittstempels so weit zurück, wie in Abbildung 4 durch die weiß gestrichelte Linie angedeutet ist. Dringt der Stempel dann soweit in den Werkstoff ein, daß ein Anriß auf der Unterseite des Bleches entsteht, so ergibt sich ein Rißverlauf, der auf die Stempelkante zu gerichtet ist. Das erklärt sich dadurch, daß der Riß nicht wieder zum Halten kommt und daher keinen Zipfel bildet, wie er für den kleinen Schnittspalt charakteristisch ist. Dadurch wird die Trennung des Werkstoffes bereits bei viel geringerer Eindringtiefe des Stempels vollzogen. Die geglättete Lochleibungsfläche ist kleiner und ergibt infolgedessen auch eine kleinere Rückzugskraft des Stempels. Die unterschiedliche Größe des Anteils der Glättungszone an der gesamten Trennfläche geht sehr anschaulich aus Abbildung 5 bis 7 hervor; es sind Oberflächenaufnahmen der Schnittfläche bei 3 mm dickem Blech aber verschiedenen Schnittspalten. In Abbildung 5 (Schnittspalt 0,025 mm) bildet die volle Schnittfläche die geglättete Preßfuge; Abbildung 6 (Schnittspalt 0,063 mm) zeigt eine Glättungszone von etwa 80 % der Blechdicke, und beim Schnittspalt 0,25 mm (Abb. 7) ist die Glättungszone gar auf 50 % der Blechdicke zurückgegangen.

Noch ein weiterer Einfluß auf die Rückzugskraft wird durch den Schnittspalt ausgeübt, da von ihm auch die Breite der Zone abhängt, in der hauptsächlich der Werkstoff faserförmig gestreckt wird. So ergibt sich bei kleinem Schnittspalt in einer schmaleren Verformungszone eine größere Faserverdichtung als bei großem Schnittspalt, so daß durch die größere Werkstoffbeanspruchung auch ein größeres elastisches Rückdehnungsvermögen gegeben ist. Welche Durchmessermaße der geglättete Teil der Schnittzone bei verschiedenem Schnittspalt durch die elastische Rückdehnung nach Rückhub des Stempels annimmt, geht für ein bestimmtes Beispiel aus Tabelle 1 hervor.

Aus dieser Zahlentafel wird deutlich erkennbar, daß ein größerer Schnittspalt dazu beiträgt, die Fugenpressung am Stempel und damit abermals die Rückzugskraft kleiner zu halten.

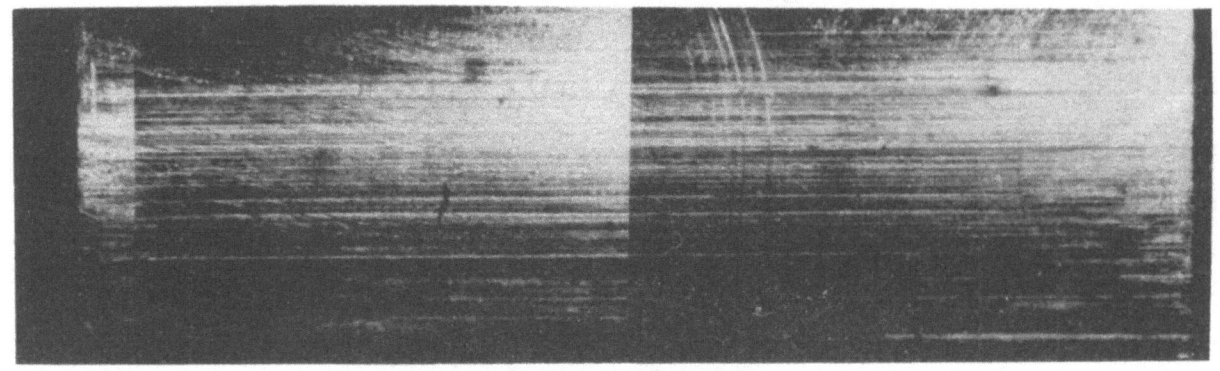

Abbildung 5

Oberflächenaufnahme der Schnittfläche an dem den Stempel umgebenden Blech. V = 44 x. Blechdicke 3 mm, Schnittspalt 0,025 mm

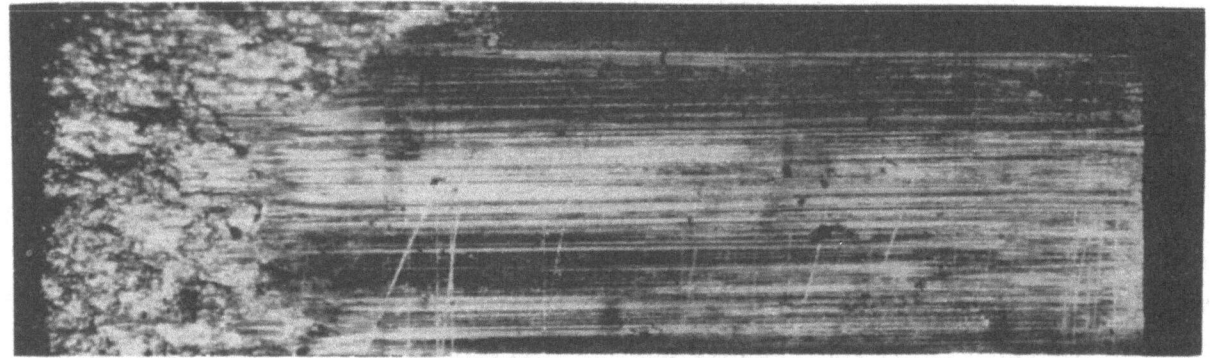

Abbildung 6

Oberflächenaufnahme der Schnittfläche an dem den Stempel umgebenden Blech. V = 44 x. Blechdicke 3 mm, Schnittspalt 0,063 mm

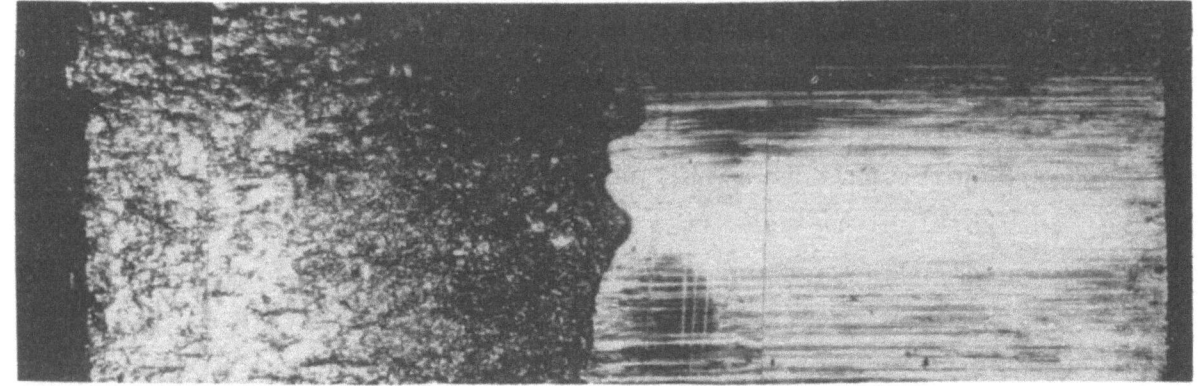

Abbildung 7

Oberflächenaufnahme der Schnittfläche an dem den Stempel umgebenden Blech. V = 44 x. Blechdicke 3 mm, Schnittspalt 0,25 mm

Tabelle 1

Stempeldurchmesser 10 mm; Blechdicke 3 mm;
Werkstoff Ms 63

Schnittspalt	Untermaß im geglätteten Teil der Schnittzone in μ (1 μ = 0,001 mm)
0,025 mm	35
0,04 mm	29
0,063 mm	22
0,10 mm	17
0,16 mm	11
0,25 mm	2

Ergänzend sei zum Einfluß des Schnittspaltes auf die Rückzugskraft noch ein Schaubild (Abb. 8) angeführt, in dem die aus Versuchen ermittelten Rückzugskräfte des Stempels in Abhängigkeit vom Schnittspalt aufgetragen sind. Die große Abnahme der Rückzugskraft mit zunehmendem Schnittspalt liegt nach dem Gesagten in beiden Ursachen begründet, und zwar einmal in der kleineren Lochleibungsfläche und zum anderen in der geringeren Fugenpressung am Stempel.

Aus dem gleichen Schaubild geht auch der Einfluß der Schmierung auf die Rückzugskraft hervor. Dazu wurden die durch Versuche ermittelten Rückzugskräfte beim Schneiden mit Schmierung für die Blechdicken 1,5 und 3 mm mit in das Schaubild (Abb. 8, schraffierte Linien) eingetragen. Es zeigt sich, daß beim Schneiden mit gut geschmiertem Werkzeug größere Rückzugskräfte auf den Stempel wirken als beim nicht geschmierten Werkzeug. Als Schmiermittel wurde normales Maschinenöl verwendet. Zur Begründung dieses überraschenden Verhaltens muß der Bereich näher untersucht werden, in dem beim Schneiden das Schmiermittel zur Wirkung kommt. Das ist lediglich im Bereich der Randfasern des zu schneidenden Werkstoffes der Fall.

Dabei geht es darum, ob die Randfasern beim Schneiden ohne Schmiermittel durch die trockene Reibung schon sehr zeitig zur Trennung kommen oder aber durch gute Schmierung, bei der sich ein Ölfilm zwischen Werkstück und Werkzeug legt, später, d.h. nach einem längeren Gleitweg, getrennt werden und dadurch in der Lage sind, die große Dehnung und Streckung des Werkstoffes im ersten Teil des Schnittvorganges mitzumachen. Im

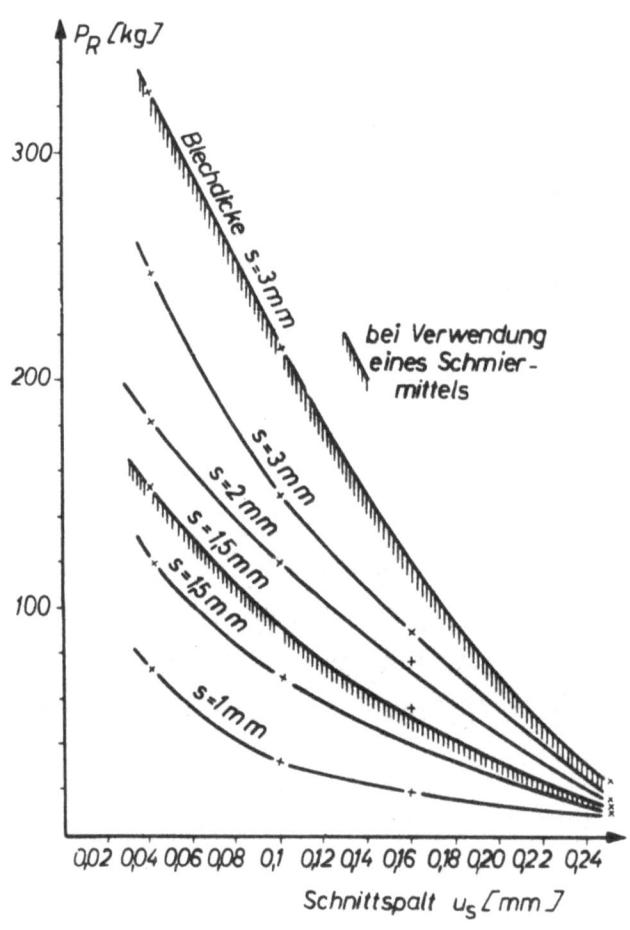

A b b i l d u n g   8

Die Rückzugskraft des Stempels beim Schneiden in Abhängigkeit vom Schnittspalt bei verschiedener Blechdicke. Stempeldurchmesser 10 mm, Werkstoff St VII 23

letzteren Fall strecken sich die Randfasern beim Eindringen des Stempels in den Werkstoff mit in die Schnittzone hinein, so daß die Gesamtbeanspruchung des Werkstoffes durch größere Verdichtung und Pressung im Bereich der Schnittzone größer wird. Dadurch ergeben sich größere Spannungen im Werkstoff, der den Stempel umgibt, und verhältnismäßig große Rückzugskräfte am Stempel. Im Gegensatz dazu beanspruchen die durch die Reibung vorzeitig getrennten Randfasern (beim Schneiden ohne Schmier-

mittel) die weiter im Innern des Bleches sich längenden Fasern nicht
mehr, so daß der Werkstoff in der Schnittzone weniger beansprucht wird.
Damit ergibt sich beim Schneiden ohne Schmiermittel eine kleinere Rückdehnung, die zu einer geringeren Fugenpressung am Stempel und damit zu
kleineren Rückzugskräften führt. In Abbildung 9 ist das unterschiedliche
Verhalten bei der Werkstoffdehnung ohne und mit vorzeitiger Randfasertrennung dargestellt. Es handelt sich bei diesem Bild um eine verein-
fachte Darstellung der durch Versuche nachgewiesenen Verformung von
Gitternetzen, die auf Blechkanten aufgeritzt waren.

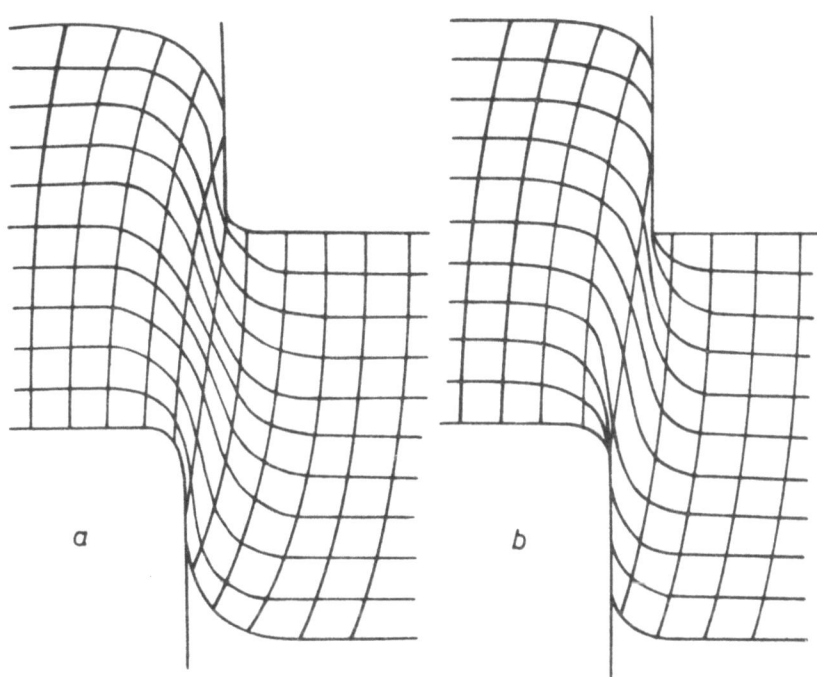

A b b i l d u n g   9
Darstellung der Werkstoffdehnung im ersten Teil des Schnittvorganges
       a) bei unzertrennten Randfasern,
       b) bei vorzeitiger Randfasertrennung

Nicht nur durch die Verwendung eines Schmiermittels und damit durch
ein reibungsloseres Entlanggleiten an Stempel- und Schnittplattenfläche
entsteht eine spätere Randfasertrennung, sondern auch bei Verwendung
eines bereits <u>abgestumpften Schnittwerkzeuges</u>, bei dem die Trennwirkung
der Schneidkante nicht mehr groß genug ist, so daß die Randfasern

leicht um die gerundete Schnittkante herumgleiten können. Dadurch ergibt sich auch bei Gebrauch eines stumpfen Werkzeuges eine größere Gesamtbeanspruchung in der Schnittzone, die wie beim Schneiden mit Schmierung zu größeren Spannungen und Fugenpressungen führt. Die größere Fugenpressung wirkt dabei zwar nicht auf eine so eindeutig ausgeprägte Lochleibungsfläche, wie sie in Abbildung 5 bis 6 dargestellt ist, da der Schnittvorgang bei abgestumpftem Werkzeug in anderer Form abläuft, als es in Abbildung 1 bis 4 gezeigt ist, und durch die Gratbildung eine nicht so gut geglättete Lochleibungsfläche erzielt wird. Die größere Spannung kann sehr leicht durch die größere Rückdehnung bei Entlastung eines angeschnittenen Werkstückes nachgewiesen werden.

Dazu zeigt Abbildung 10a das Mikrogefüge einer Querschnittaufnahme eines mit stumpfem Werkzeug angeschnittenen Teiles. Die Schnittkanten an Stempel und Schnittplatte waren etwa gleich abgestumpft. Durch die Rückdehnung der Fasern nach Entlastung durch Rückzug des Stempels ergab sich die in Abbildung 10a mit A bezeichnete Dreieckfläche. Im Gegensatz dazu zeigt Abbildung 11 den gleichen Vorgang bei scharfem Werkzeug. Hier bleibt infolge der bereits vollzogenen Trennung von Werkstoffasern die Stelle scharfkantig, an der zuvor die scharfe Schnittkante gesessen hat. Vergleichsweise ist zur Veranschaulichung dieser Wirkung in Abbildung 12 noch der Schnittvorgang bei stumpfem Schnittstempel und scharfer Schnittplatte gezeigt. Dabei ist deutlich die unterschiedliche Auswirkung der stumpfen bzw. scharfen Schnittkante zu erkennen.

Daß die erwähnte durch Rückdehnung entstandene Dreieckfläche nicht etwa unmittelbar von der abgenutzten Schnittkante ausgeprägt ist, beweist die in Abbildung 10b angedeutete Größe der eigentlichen Schnittkantenabstumpfung, die zur besseren Darstellung zwar in 4-facher Überhöhung gezeichnet ist, jedoch gleichen Höhenmaßstab wie die Mikroaufnahme nach Abbildung 10a hat. Die Verschleißmarkentiefe des Stempels lag in einer Größenordnung von 8 µ, während die Höhe des erwähnten Dreiecks durch die Rückdehnung des Werkstoffes in der Schnittzone bereits 135 µ beträgt. Daß in der Tat die mehr oder weniger große Rückdehnung durch das Trennen bzw. Nichttrennen der Randfasern bestimmt wird,

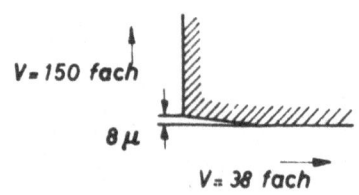

A b b i l d u n g 10b
Profil der Schnittkante des stumpfen Werkzeuges

A b b i l d u n g 10a

Querschnittaufnahme eines angeschnittenen Blechteiles beim Schneiden mit stumpfem Stempel und stumpfer Schnittplatte. V = 150 x

A b b i l d u n g 11

Querschnittsaufnahme eines angeschnittenen Blechteiles beim Schneiden mit scharfem Stempel und scharfer Schnittplatte. V=150 x

A b b i l d u n g 12

Querschnittsaufnahme eines angeschnittenen Blechteiles beim Schneiden mit stumpfem Stempel und scharfer Schnittplatte. V=150 x wurde ferner dadurch nachgewiesen, daß in weiteren Versuchen auf die Seitenkante ebener Bleche Gitternetze aufgerissen und diese Bleche ebenfalls angeschnitten wurden. Es zeigte sich dabei, daß beim Schneiden mit scharfem Werkzeug die dem Blechrand am nächsten liegenden parallelen Gitternetzlinien sehr zeitig schon zertrennt sind, zum Unterschied zum Schneiden mit stumpfen Werkzeugen, bei denen dieses Einschneiden nicht ohne weiteres gegeben ist.

Nach diesen Betrachtungen ist auch der <u>Einfluß der Oberflächenrauheit</u> des Schnittwerkzeuges leicht einzusehen. Auch hier geht es um die gleiche Frage, nämlich ob durch eine rauhe Oberfläche die Randfasern vorzeitig getrennt werden oder durch eine feinbearbeitete Werkzeugoberfläche in der Lage sind, die allgemeine Dehnung des gesamten Werkstückes beim Anschneiden zum großen Teil mitzumachen und zu einer größeren Rückzugskraft zu führen.

Damit ergibt sich die interessante Feststellung, daß die drei Einflußgrößen - das Schmiermittel, die Schnittkantenabnutzung sowie die Oberflächenrauheit - in gleicher Weise auf die Randfasern des Werkstoffes und damit auf die Rückzugskraft beim Lochen von Blechen wirken.

Dr.-Ing. Friedrich Wilhelm TIMMERBEIL

Messung der beim Lochen von Blechen auf ein Schnittwerkzeug wirkenden Seitenkräfte

1. Allgemeines

Beim Lochen eines Bleches wirken auf das Werkzeug außer der Hauptschnittkraft auch Seitenkräfte. Ihre Kenntnis ist vom praktischem Interesse, denn sie sind - um nur einige Beispiele zu nennen - bei Schnittplatten für die Bemessung der Ringdicken und bei Mehrfachschnitten, Folgeschnitten und Verbundschnitten für die Bestimmung der dünnsten noch zulässigen Stege maßgebend. Wirken in einem Folgeschnitt dicke und dünne Stempel zusammen, so können die Seitenkräfte der dickeren Stempel die dünneren gefährden.

Abbildung 1 gibt die Kraftverhältnisse während des Schnittvorganges wieder. Die seitlich wirkenden Kräfte können hierbei folgende Ursache haben:

a) Durch das Hauptkraftmoment M_1 wird ein Seitenkraftmoment M_2 hervorgerufen.

b) Bei der Verformung wirken Reibungskräfte P_R an den Schnittkanten der Schnittplatte nach innen; da sie die Schnittkante sozusagen nach innen ziehen, seien sie kurz Zugkräfte genannt. Die Druck- und Zugkräfte heben sich während des Schnittes zum Teil auf; die Zugkräfte sind zeitweise sogar größer als die Druckkräfte.

c) Bei der geschlossenen Schnittlinie treten Tangential- und Radialspannungen auf, die den gelochten Blechring mit Radialkräften P_M nach Art einer Preßpassung am Stempel halten.

A b b i l d u n g   1
Kräfte beim Lochen von Blech
P_H = Hauptschnittkraft
P_{so} = Seitenkraft am Stempel
P_{su} = Seitenkraft an der Schnittplatte
P_R = Reibungskräfte
P_M = Radialkräfte

Die jeweilige Seitenkraft wird durch folgende Größen beeinflußt: Blechwerkstoff, Blechdicke und Schnittspalt. Wohl zu unterscheiden ist zwischen den Seitenkräften am Stempel und an der Schnittplatte. Um aus den Messungen an einer Werkzeuggröße Schlüsse auf andere Werkzeuggrößen ziehen zu können, ist es zweckmäßig, das Verhältnis der jeweiligen größten Seitenkraft zur größten Hauptschnittkraft (diese in Schnittrichtung) zu betrachten.

2. Versuchsaufbau

Zur Messung der auftretenden Seitenkräfte wurden Dehnmeßstreifen verwendet. Dazu mußten an den Schnittkanten federnde Glieder geschaffen werden. Außerdem waren bei der Konstruktion der Versuchswerkzeuge folgende Bedingungen zu erfüllen:

a) Da bei der Eichung nur eine Punktlast am federnden Glied aufgebracht werden kann, sind beim Versuch lediglich die entsprechenden Kräfte unter Ausschalten aller übrigen auf den restlichen Kreisring wirkenden Kräfte zu messen.

b) Eichung und Messung der Kräfte unmittelbar am Ring ohne Zwischenglied. Die ringförmig ausgedehnte Schnittplatte wurde zersägt, so daß vier Segmente entstanden (Abb. 2). Zwischen zwei stehengebliebenen Stegen wurde ein Stahlband mit Dehnmeßstreifen verspannt. Der fertig gedrehte Stempel wurde auf einer Breite von 6 mm quer durchgefräst und in der Mitte zusätzlich für die Unterbringung des Dehnmeßstreifens ausgearbeitet (Abb. 3).

Abbildung 2
Schnittplatte des Versuchswerkzeuges

Abbildung 3
Stempel des Versuchswerkzeuges

In die Ausfräsung wurde ein U-förmiger Meßbügel eingepaßt und zwischen seinen Schenkeln wiederum ein Stahlband mit Dehnmeßstreifen verspannt. Der Nenndurchmesser des Stempels betrug 45 mm.

3. Versuchsdurchführung

Die Meßeinrichtung wurde mit einem Kraftmeßbügel unter der sog. Maßpresse des Instituts geeicht. Der Abgleich zwischen den aktiven und passiven Dehnmeßstreifen wurde durch Widerstands-Meßbrücken der Fa. Brandau, Düsseldorf, vorgenommen. Die Anzeige erfolgte durch einen Schleifenoszillographen, der auf Abbildung 4 zu erkennen ist. Außer den hier besprochenen Versuchen mit geschlossener Schnittlinie wurden Parallelversuche mit offener Schnittlinie durchgeführt.

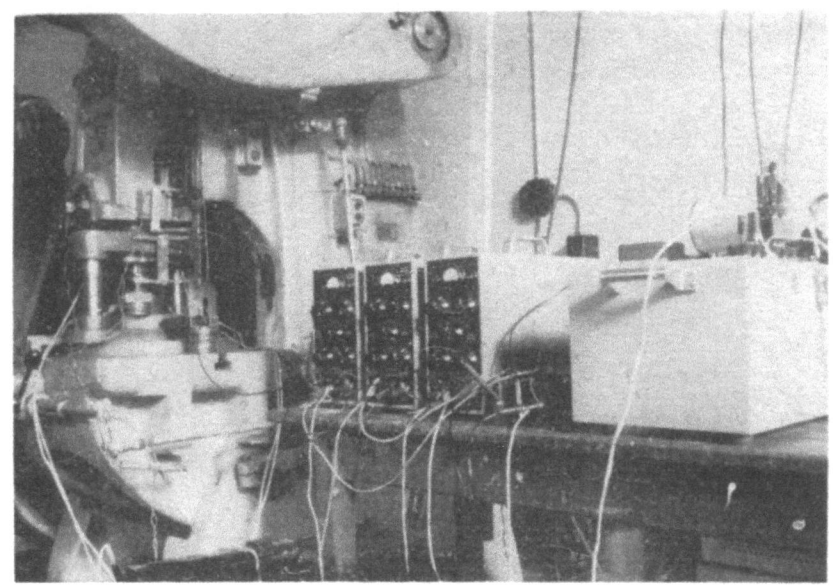

A b b i l d u n g   4

Versuchsaufbau: 50 t-Schulerpresse mit eingebautem Werkzeug, 3 Brandaubrücken und Schleifenoszillograph

4. Ergebnisse

Die Ergebnisse der Versuche geben Abbildung 5 und 6 wieder. Die Seitenkräfte sowohl am Stempel als auch an der Schnittplatte liegen größenordnungsmäßig zwischen 10 % und 2 % der Hauptkraft.

4.1 Seitenkraft am Stempel

Das Seitenkraftverhältnis wächst erwartungsgemäß mit größerer Blechdicke an. Bei sich vergrößerndem Schnittspalt verringert sich dagegen das Seitenkraftverhältnis am Stempel. Bei größeren Stempeldurchmessern ist zu erwarten, daß die Seitenkraftverhältnisse kleiner werden, da die Tangentialspannungen im gelochten Teil und mit ihnen die Radialkräfte geringer werden; bei kleineren Stempeldurchmessern tritt das Umgekehrte ein.

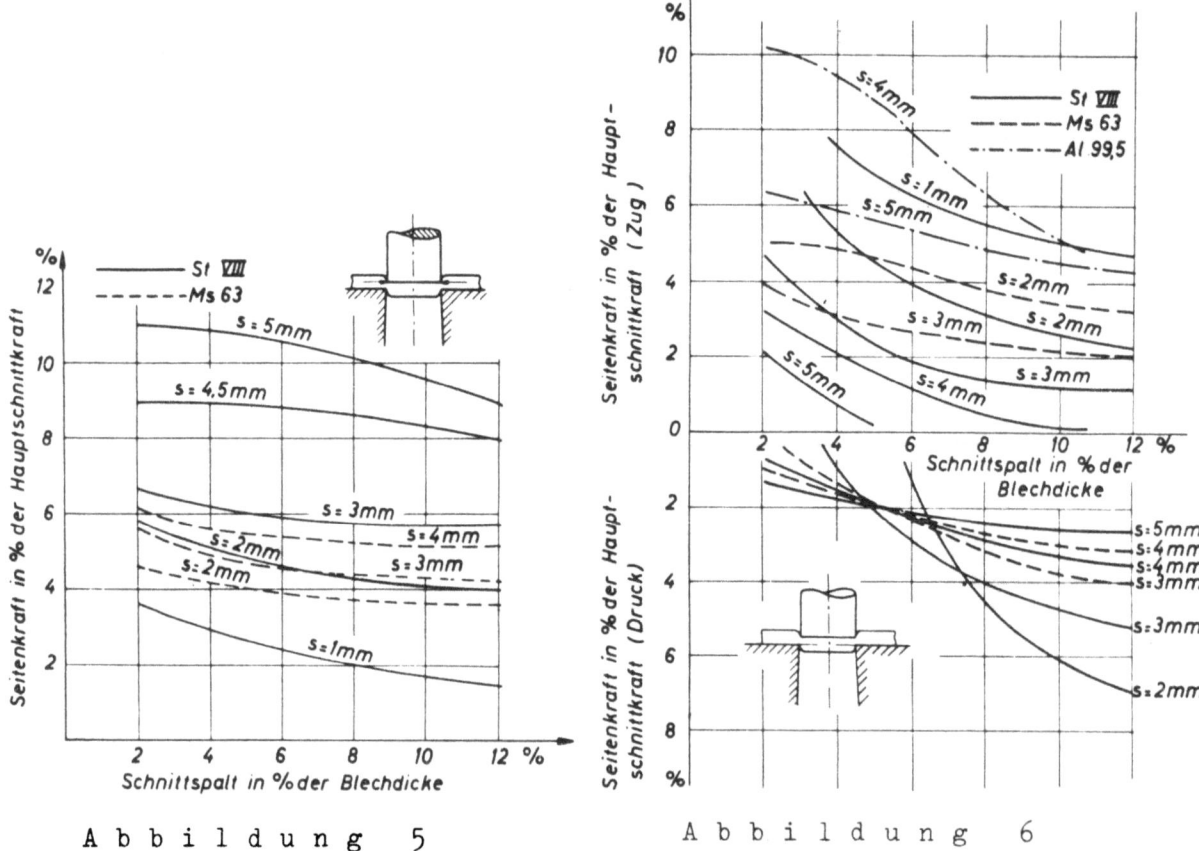

Abbildung 5
Seitenkraftverhältnis am Stempel
bei verschiedenen Blechdicken s

Abbildung 6
Seitenkraftverhältnis an der
Schnittplatte bei verschiede-
nen Blechdicken s

4.2 Seitenkraft an der Schnittplatte

An der Schnittplatte muß zwischen dem Zug- und Druckanteil der Seitenkraft unterschieden werden. Während die Zugbelastung mit größer werden-
dem Schnittspalt abnimmt, wächst der wir-
kende Druck. Mit größer werdender Blechdicke wird das Seitenkraftverhältnis allgemein kleiner, bei dünnen Blechen tritt
jedoch ausschließlich Zug auf. Dabei ist
zu beachten, daß es sich hier um die jeweiligen Größtwerte der Verhältnisse zwischen
Zugkraft und Hauptschnittkraft bzw. zwischen Druckkraft und Hauptschnittkraft
handelt, die für den Bau des Werkzeuges maßgebend sind. Diese Größtwerte

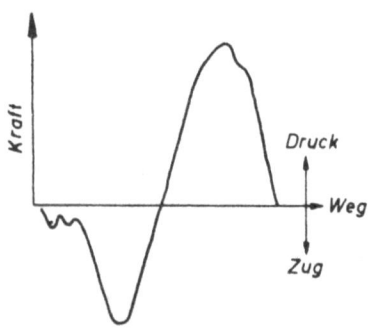

Abbildung 7
Zeitlicher Verlauf der Seitenkraft an einem Stahl-
blech St VIII, 2 mm dick,
Stempeldurchmesser 45 mm

treten indes nicht gleichzeitig auf. Der Verlauf über den Weg ist für ein Beispiel getrennt in Abbildung 7 dargestellt.

Diese Seitenkräfte sind wesentlich kleiner als im allgemeinen angenommen wird. Doch sollte man sich durch die kleinen Von-Hundert-Zahlen nicht täuschen lassen; es handelt sich immer noch um beträchtliche Werte.

Schließlich bliebe noch der Einfluß zu erwähnen, den Bleche mit verschiedener Festigkeit auf die Seitenkraft ausüben. In Abbildung 5 und 6 sind die Unterschiede zwischen einem Stahlblech aus St VIII und einem Messingblech aus Ms 63 ersichtlich. Allgemein läßt sich sagen, daß bei härterem Material die Seitenkraft im Verhältnis kleiner wird, während weicher Werkstoff (Al 99,5 in Abb. 6) auf Grund seiner größeren Verformbarkeit die Seitenkraft erhöht und an der Schnittplatte lediglich eine "Zugbeanspruchung" hervorruft.

                                                Prof. Dr.-Ing. Otto KIENZLE und
                                                Dr.-Ing. Thomas F. JORDAN

Die Erzielung sauberer Blech-Schnittflächen durch Schaben

I. Anwendung, Einflüsse beim Vorschneiden, Schabwerkzeuge

1. Allgemeines

In verschiedenen Fertigungszweigen der blechverarbeitenden Industrie werden an die Güte der Schnittflächen von Blechausschnitten bzw. der Lochwandungen gelochter Blechteile hohe Anforderungen gestellt. Oft sollen sie nicht nur rechtwinklig und scharfkantig sein, sondern auch eine glatte Oberfläche aufweisen. Besonders häufig treten diese Forderungen in der feinmechanischen Fertigung von Hebeln, Klinken, Zahnrädern, Kurvenscheiben und ähnlichen Teilen auf, wie sie in Schreibmaschinen, Registrierkassen, Fotoapparaten u.a. Anwendung finden. Dort haben diese Flächen nicht selten Paß- und Gleitfunktionen, so daß zu den hohen Anforderungen an die Schnittflächengüte noch sehr enge Maßtoleranzen hinzutreten. Auch bei größeren Geräten und im Maschinenbau treten solche Forderungen auf, wenn man Vollteile durch Leichtbauteile aus Blech ersetzt. Derartig einwandfrei glatte und maßhaltige Schnittflächen können nicht ohne weiteres durch das übliche Ausschneiden bzw. Lochen von Blechteilen erzielt werden, da die Schnittflächen dabei - bedingt durch den Schnittvorgang und die verschiedensten Schnittbedingungen - nur über einen geringen Teil glatt sind, mit anderen Worten eine "Glättungszone" aufweisen. Der übrige Teil der Schnittfläche bildet sich als Bruchgefüge aus, das entweder die Form eines schlanken Kegels hat oder zipfelförmige Einrisse zeigt. Somit bedürfen die Schnitteile einer Nachbearbeitung, wenn sie eine einwandfrei glatte und rechtwinklige Schnittfläche aufweisen sollen. Eine solche Nachbearbeitung kann an sich in der verschiedensten Weise erfolgen, wie durch Reiben, Fräsen, Schleifen usw. Diese Verfahren sind wirtschaftlich, wenn es sich um runde oder ebene Schnittflächen handelt und wenn gar nur gewisse Teile einer Schnittfläche nachzubearbeiten sind. Die spanenden Verfahren sind aber teuer, besonders wenn die Blechausschnitte nicht rund oder rechteckig sind, sondern verwickelte Schnittlinien haben, wie Zahnräder, Schalthebel, Klinken, Kurvenscheiben.

Für die Nachbearbeitung solcher ausgeschnittenen Teile erweist sich das
Schaben als ein zweckmäßiges Bearbeitungsverfahren. Es besteht bekanntlich in einem zweiten Schnittarbeitsgang, bei dem die Teile durch eine
Schnittplatte hindurchgedrückt werden, die um ein bestimmtes Maß enger
gehalten ist als das Vorschneidwerkzeug. Dadurch werden von den Rändern
des vorgeschnittenen Teiles dünne Schichten abgehoben; bei richtiger
Bemessung der abzuschabenden Spanschicht entsteht eine saubere, glatte
Schnittfläche.

Die Werkzeugkosten für das Schaben sind bedeutend höher als beim Abspanen; dafür sind die Fertigungszeiten wesentlich kürzer. Man muß daher
durch Wirtschaftlichkeitsbetrachtung an Hand der wirtschaftlichen Stückzahl zwischen den verschiedenen Verfahren wählen.

Der Erfolg des Schabschnitts hängt stark von der Wahl des richtigen
Übermaßes beim Vorschneiden ab. Zunächst kann man je nach dem Schnittspalt beim Vorschneiden sehr verschiedene Abweichungen von der senkrechten Lage der Schnittfläche zur Blechfläche und sehr verschiedene
Rauhigkeiten erhalten. Je schlechter die Vorschneidfläche, desto größer
die Schabzugabe! Ist diese aber zu groß, so wird die gewünschte Verbesserung nur durch mehrmaliges Schaben erreicht.

Daher soll im nächsten Abschnitt zunächst die grundsätzliche Frage geprüft werden, wieweit durch geeignete Schnittbedingungen beim Vorschneiden gute Schnittflächen erzielt werden können, sei es, daß sie überhaupt ausreichen, sei es, daß sie günstige Voraussetzungen für eine
geringe Schabzugabe bieten.

2. Die Schnittflächen der Blechausschnitte bzw. Lochwandungen beim Vorschneiden

Die Beschaffenheit der Schnittflächen beim Vorschneiden wird durch den
Schnittvorgang bestimmt; als dessen Einflußgrößen wirken der Schnittspalt, die Blechdicke, der Werkstoff sowie auch die Schärfe der Schneidkanten ein. In einem früheren Aufsatz wurde hierauf bereits kurz hingewiesen [1].

Wegen der grundsätzlichen Bedeutung jedoch, die der Ablauf des Schnittvorganges auf die Ausbildung der Schnittflächen und damit auf die zu
berücksichtigende Schabzugabe beim Schaben hat, sei an dieser Stelle

auf den Schnittvorgang näher eingegangen. Er werde zunächst bei einem Blech bis 3 mm Dicke mit einem kleinen Schnittspalt (2 bis 3 % der Blechdicke) und Werkstoffen bis 40 kg/mm² Festigkeit an Hand von Abbildung 1 bis 4 betrachtet, die das Gefüge der Blechquerschnitte bei verschiedenen Eindringtiefen des Stempels zeigen.

A b b i l d u n g   1

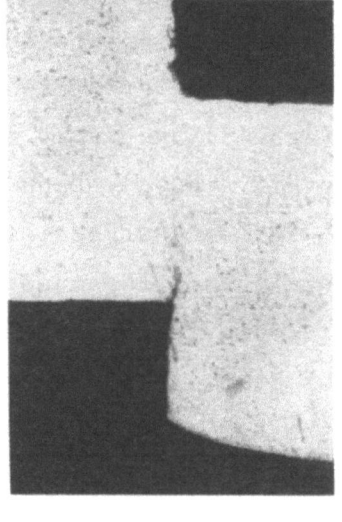

A b b i l d u n g   2

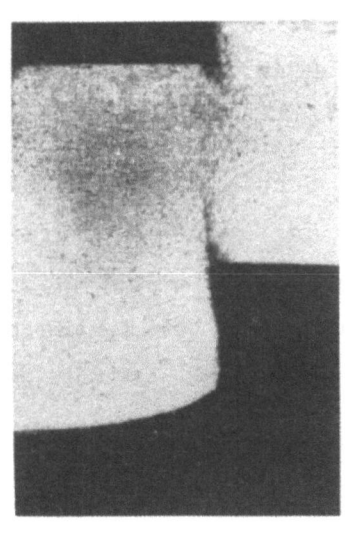

A b b i l d u n g   3

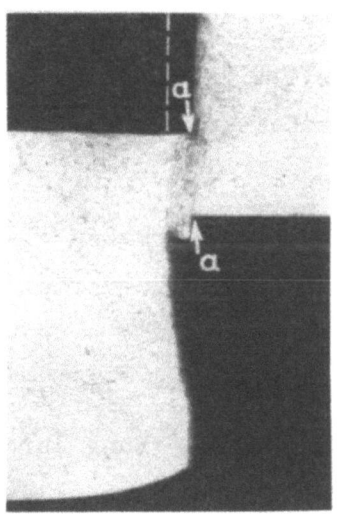

A b b i l d u n g   4

A b b i l d u n g   1 bis 4

Querschnittsaufnahmen angeschnittener Blechteile bei verschiedenen Eindringtiefen des Schnittstempels (Blechdicke s = 2,5 mm, Werkstoff St VIII 23, bezogener Schnittspalt U_s/s = 2 %). In Abbildung 4 ist die weißgestrichelte Linie = Stempelkante bei einem Schnittspalt von 0,25 mm U_s/s = 10%). Abbildung 3 und 4 sind spiegelbildlich zu betrachten, da sie die den Abbildungen 1 und 2 gegenüberliegende Schnittzone zeigen.

Durch das Eindringen des Stempels in das Blech wird der Werkstoff innerhalb der Schnittzone verformt, so daß sich die Fasern in Verformungsrichtung strecken (Abb. 1). Nach Überschreitung des Verformungsvermögens entsteht bei gleich scharfen Stempel- und Schnittplattenkanten zunächst an der Schneidkante der Schnittplatte (d.h. an der Unterseite des Bleches) ein Anriß, da hier die Beanspruchung der Randfasern am größten ist (Abb. 2). Bei weiterem Eindringen des Stempels reißt der Werkstoff weiter ein (Abb. 3) und führt durch das Aufspreizen der gedehnten Fasern zu einem Zipfel (Abb. 4). Dann erst erfolgt die endgültige Trennung im Linienzug a - a. Der aufgezeigte Ablauf des Schnittvorganges zeigt, daß im Gegensatz zum Blechausschnitt das gelochte Blechteil bis zu der Eindringtiefe, die in Abbildung 4 vorliegt, durch den Stempel geglättet wird. Von der Stempelkante aus erfolgt kein Einriß in die Lochwandung hinein (anders bei dicken Blechen). Bei einem kleinen Schnittspalt und Blechdicken bis 3 mm kann daher über die erzielten Schnittflächen grundsätzlich folgendes gesagt werden:

a) Die Schnittfläche des Blechauschnittes (Butzens) weist einen ringförmigen Zipfel auf,

b) die Schnittfläche der Lochwandung ist zum größten Teil (70 bis 90 % je nach Blechdicke) geglättet und zeigt im Restteil ein Bruchgefüge.

<u>Am gelochten Teil</u> ist es also mit einem kleinen Schnittspalt durchaus möglich, eine einigermaßen glatte Schnittfläche des gelochten Teiles zu erreichen. Nicht zu vermeiden ist dabei allerdings die Einrundung auf der Oberseite sowie eine bei längerem Gebrauch des Werkzeuges einsetzende Gratbildung.

Bei einer Nachbearbeitung durch Schaben ist daher der Blechausschnitt in jedem Fall mindestens um das Maß der Einrißtiefe r (Abb. 5) nachzuschaben, während die Schnittfläche des gelochten Bleches für viele Verwendungszwecke bereits ausreicht oder aber nur einer verhältnismäßig kleinen Schabzugabe bedarf.

Durch einen Kunstgriff lassen sich die besprochenen Auswirkungen des Schnittvorganges auch umkehren, so daß man am Blechausschnitt eine fast über die volle Blechdicke hinweggehende glatte Schnittfläche erhält und der Zipfel am gelochten Blechteil auftritt. Man erreicht dies, indem man die Schnittkante der Schnittplatte leicht abstumpft oder rundet, während gleichzeitig die Stempelkante scharf ist. Dann erfolgt der in Abbildung 2 dargestellte Einriß nicht mehr von der Schnittplattenkante, sondern von der Stempelkante aus. Durch wiederholte Versuche konnte diese Tatsache nachgewiesen werden. Nachteilig ist dabei jedoch, daß infolge der Abstumpfung der Schnittplattenkante das ausgeschnittene Teil (Butzen) eine gewisse Gratbildung aufweist. Diese Umkehrung des Schnittvorganges hat eine praktische Bedeutung und wurde jüngst durch eine englische Arbeit bestätigt [2].

Grundsätzlich anders verläuft der Schnittvorgang beim Schneiden mit großem Schnittspalt (8 bis 10 % der Blechdicke). Dabei nimmt die Stempelkante in Abbildung 4 eine Lage ein, wie sie durch die weißgestrichelte Linie angedeutet ist. Erfolgt nun beim Schneiden ein Anriß, ganz gleich, ob von oben oder von unten, so ergibt sich ein Rißverlauf, der auf die Gegenschneide zu gerichtet ist. Das führt zu einem sofortigen Durchriß, so daß sich sowohl am Blechausschnitt wie auch an dem gelochten Blech eine in der Form kegelige Bruchfläche bildet. In diesem Fall ist daher sowohl am Blechausschnitt wie auch am gelochten Blechteil ein Nachschaben in der vollen Größe der Einriß- bzw. Durchrißtiefe r (Abb. 6) notwendig.

In Abbildung 5 und 6 sind die Querschnittsformen der Schnittflächen sowohl am Blechausschnitt wie am gelochten Blech bei kleinem und großem Schnittspalt gegenübergestellt. Natürlich bilden sich zwischen diesen bei kleinsten und größten Schnittspalten sich ausbildenden Schnittflächen und Querschnittformen auch andere Formen aus, z.B. wie in Abbildung 7 skizziert. Hierauf soll aber nicht weiter eingegangen werden. Jedoch wurden diese Zwischenformen bei der Bestimmung der Schabzugabe berücksichtigt (s. Abschnitt 4). Zur weiteren Veranschaulichung zeigen die Abbildung 8 und 9 Oberflächenaufnahmen der Schnittflächen bei den gleichen Bedingungen, wie sie bei den Schnittflächenprofilen der Abbildungen 5 und 6 vorlagen.

Auf die Auswirkung der übrigen eingangs erwähnten Einflußgrößen auf die Schnittflächengüte soll ergänzend nur kurz hingewiesen werden.

Bei verschiedenen Blechdicken unter 3 mm ergeben sich bei weichen Werkstoffen im wesentlichen keine anderen Formen der Schnittflächen als die in Abbildung 5 bis 7 aufgezeigten. Wohl aber tritt bei dicken Blechen

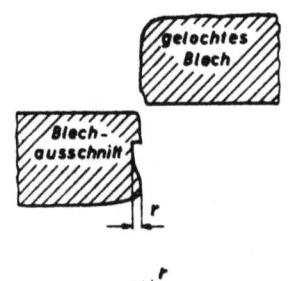

Abbildung 5

Schnittflächenquerschnitt bei Stahl bis 40 kg/mm^2 Festigkeit und kleinem Schnittspalt U^s; $U_s/s = 2\%$

r = Einrißtiefe bzw. Durchrißtiefe

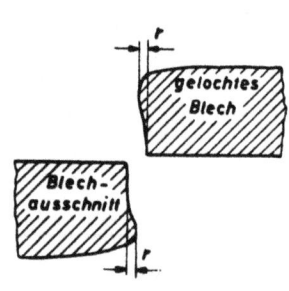

Abbildung 6

Schnittflächenquerschnitt bei Stahl bis 40 kg/mm^2 Festigkeit mit großem Schnittspalt U_s; $U_s/s = 10\%$

r = Einrißtiefe bzw. Durchrißtiefe

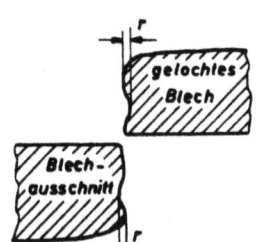

Abbildung 7

Schnittflächenquerschnitt bei Stahl bis 40 kg/mm^2 Festigkeit und mittlerem Schnittspalt U_s; $U_s/s = 5\%$

(über 3 bis 4 mm) und weichen Werkstoffen am Blechausschnitt eine Mehrfach-Zipfelung auf, während an der Lochwandung des Bleches die Glättungszone kleiner wird und bereits Einrisse von der Stempelkante aus in die Lochwandung hineinverlaufen. Das liegt im wesentlichen daran, daß die Einrißlänge im Verhältnis zur Blechdicke kleiner ist, so daß noch nach dem anfänglichen Einreißen die restliche Blechdicke so groß ist, daß keine vollständige Trennung erfolgt, sondern sich ein weiteres Durchtreten des Werkstoffes (Abb. 10) wie zu Beginn des Schnittvorganges einstellt. Dabei führt die Weiterbeanspruchung der von der Stempelkante beeinflußten Randfasern zu Einrissen in die Lochwandung hinein.

Zum Werkstoffeinfluß (die bisherigen Ausführungen bezogen sich auf alle Stahlsorten bis zu einer Festigkeit von 40 kg/mm^2) muß erwähnt werden, daß bei sehr weichen Werkstoffen (Al 99,5 weich usw.) bei kleinem Schnittspalt eine Zipfelbildung unterdrückt wird und sich eine saubere glatte Schnittfläche ausbildet (Abb. 11 Gesamtübersicht über die verschiedenen Formen der Schnittflächen). Spröde Werkstoffe reißen schon bei kleinen Eindringtiefen des Stempels; eine Zipfelbildung weisen sie erst bei größeren Blechdicken (z.B. bei St 50 über 3 bis 4 mm - Abb. 11) auf, da dem ersten Einriß infolge des geringen Umformvermögens sofort das Durchreißen folgt und eine hohlkehlartige Schnittfläche hinterläßt. Die Einrißtiefe r ist bei diesen Werkstoffen im allgemeinen größer als bei Werkstoffen bis 40 kg/mm² Festigkeit.

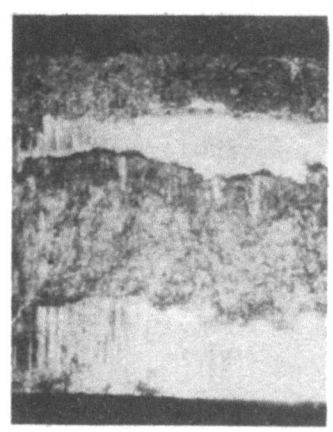

A b b i l d u n g   8a
Blechausschnitt

A b b i l d u n g   8b
gelochtes Blech

A b b i l d u n g   8a u. b
Oberflächenaufnahmen der Schnittflächen bei kleinem Schnittspalt
U_s; U_s/s = 2 "; Werkstoff St VIII 23, Blechdicke s = 2 mm

A b b i l d u n g   9 a
Blechausschnitt

A b b i l d u n g   9b
gelochtes Blech

A b b i l d u n g   9a u. b
Oberflächenaufnahmen der Schnittflächen bei großem Schnittspalt
U_s; U_s/s = 10 %; Werkstoff St VIII 23, Blechdicke s = 2 mm

Die Schärfe der Schneidkanten beeinflußt die Schnittfläche bei Blechen bis 40 kg/mm² Festigkeit erheblich. Bei stumpfen Werkzeugen ist die spezifische Beanspruchung der Randfasern des Bleches an den Schneidkanten nicht so groß, so daß diese erst bei größerer Eindringtiefe des Stempels getrennt werden. Der Anteil der Glättungszone wird dadurch größer. Bei dünneren Blechen (bis etwa 1,2 mm) kann sich diese u.U. über die volle Blechdicke erstrecken. Natürlich wäre es nicht sinnvoll, um der Glättung willen beiderseits mit stumpfen Werkzeugen zu arbeiten, weil dann sehr große Grate am Schnitteil auftreten. Andererseits wird auf den oben erwähnten Vorteil gerundeter Schnittplattenkanten verwiesen.

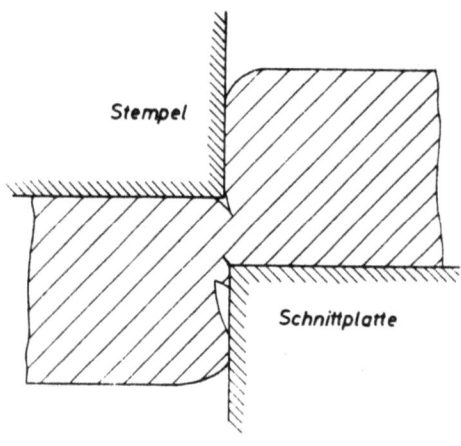

A b b i l d u n g   10

Werkstofftrennung beim Vorschneiden großer Blechdicken

Es zeigt sich somit, daß bei weichen Werkstoffen und Blechdicken bis 3 mm gute Schnittflächen bei Zulassung der beim Schneiden entstehenden Einrundungen unter folgenden Voraussetzungen erzielt werden können:

am gelochten Blech

a) kleiner Schnittspalt (etwa 2 % der Blechdicke),

b) Beginn des Einrisses von der Schnittplattenkante aus durch scharfe Werkzeugschneidkanten.

am ausgeschnittenen Teil (Butzen)

a) kleiner Schnittspalt (etwa 2 % der Blechdicke),

b) Beginn des Einrisses von der Stempelkante aus durch scharfe Stempelschneidkante und abgestumpfte Schneidkante an der Schnittplatte (allerdings unter der Einschränkung, daß hierbei Grate entstehen).

Bei allen anderen als den vorher erwähnten Schnittbedingungen entstehen jedoch Schnittflächen, bei denen eine Nachbearbeitung in der vollen

Größe der Einriß- bzw. Durchrißtiefe nicht zu vermeiden ist. Aber auch hier ergibt die Beachtung der angeführten Regeln von vornherein günstige Voraussetzungen für das Schaben. Arbeitet man nicht danach, so erschwert man das Nachschaben.

3. Werkzeuge für das Schaben

Das Schabwerkzeug unterscheidet sich nicht sonderlich von den üblichen Schnittwerkzeugen. Unter dem Stößel einer Exzenterpresse drückt der Schabstempel das in einer Einlegeplatte liegende vorgeschnittene Teil in die Schabplatte hinein, wobei die scharfen Schneidkanten der Schabplatte Späne in der Größe der Schabzugabe abheben (Abb. 12). Dabei ist das Spiel zwischen Schabstempel und Schabplatte sehr klein zu bemessen und sollte nicht größer als 0,03 mm gewählt werden. Das Schnitteil selbst wird entweder durch Auswerfer aus der Schabplatte zurück oder durch die nachfolgenden Schnitteile durch den zylindrischen Durchbruch weiter hindurchgedrückt.

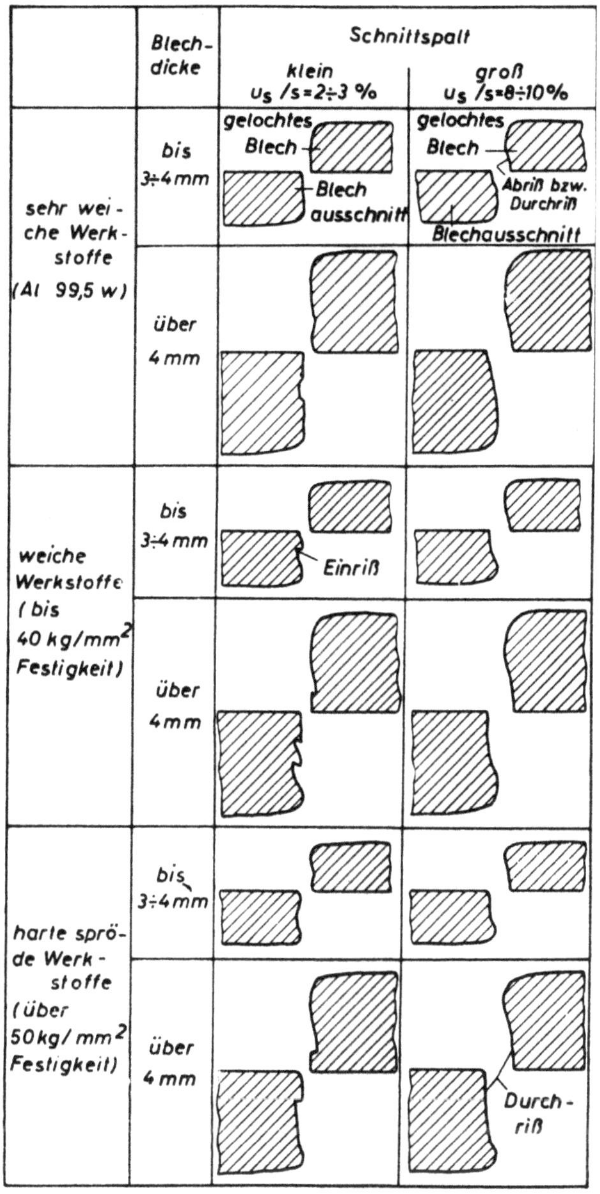

Abbildung 11
Schnittflächenquerschnitte bei verschiedenen Werkstoffen, Blechdicken und Vorschnittspalten

Neben diesen üblichen Schabwerkzeugen gibt es Sonderausführungen z.B. derart, daß in Umkehrung der üblichen Anordnung die Schabplatte im Oberteil und der Schabstempel im Unterteil des Schnittgestelles eingebaut sind (Abb. 13). Hierbei hält die Schabplatte beim Hochgehen die Werkstücke fest, die sich - eines an das andere gereiht - nach oben schieben. Der Hinterarbeitungswinkel der Schabplatte beträgt dabei all-

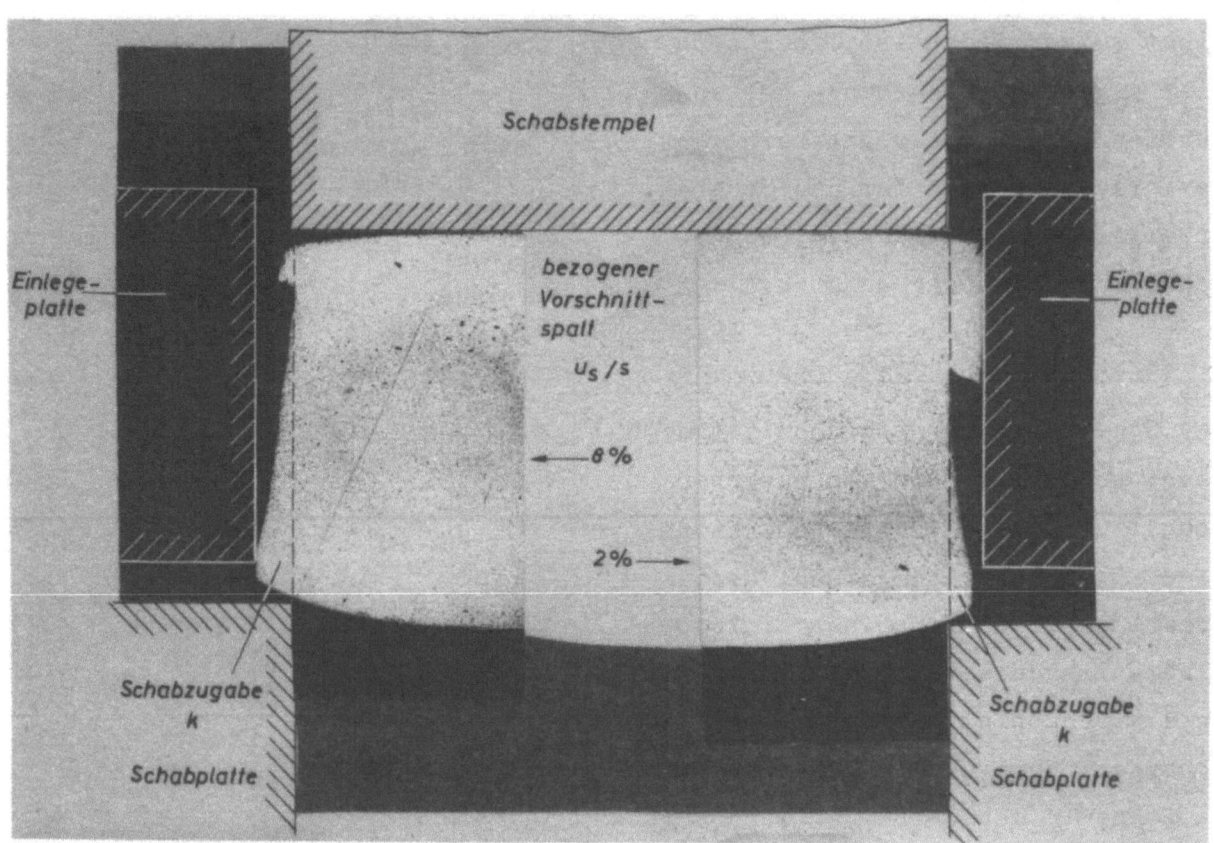

Abbildung 12
Der Schabvorgang

seitig 1/2°, so daß die Werkstücke durch die Erweiterung nach oben frei werden. In einer geneigten Exzenterpresse können somit die geschabten Werkstücke nach hinten abgleiten. Diese Werkzeuganordnung hat den Vorteil, daß auch die Schabspäne ohne weiteres nach hinten abrutschen, während sie bei der üblichen Anordnung (Schabplatte unten) zunächst auf der Schabplatte liegen bleiben und durch Druckluft fortgeblasen werden müssen.

Etwas anders ist das Schabverfahren, wenn der üblichen Stößelbewegung der Presse eine zusätzliche Schwingung überlagert wird, so daß ein sogenannter Schwingschnitt entsteht. Dadurch hebt sich der Schabstempel während des Niederganges des Stößels mit der entsprechenden Schwingungsfrequenz jeweils vom Schnitteil ab und drückt mit kurzen Stößen das zu schabende Teil in die Schabplatte hinein. Das führt zu einer Wirkung, die mit der eines Schlagmeißels vergleichbar ist. Der stoßartige Angriff der Schneidkante ist mit einer erhöhten Schnittgeschwindigkeit gleichbedeutend, daher erleichtert er die Spanabtrennung. Ein Vergleich zwischen der Spanbildung beim Schaben mit und ohne Schwingungsüberlagerung läßt dies deutlich erkennen (Abb. 14). Beim Schwingschnitt rollt sich der Span mehr ein, während beim gewöhnlichen Schabwerkzeug der Werkstoff vor der Schneidkante unter hoher Reibung verdrängt und gestaucht wird; diese je nach Schabzugabe verschiedenen Werkstoffanhäufungen verursachen an der Austrittsstelle der Schabkante ein Abreißen, wie dies in Abbildung 25 deutlich zu sehen ist. Für das Schaben mit Schwingschnitt verwendet man sogenannte Schwing- oder Repassierpressen [3].

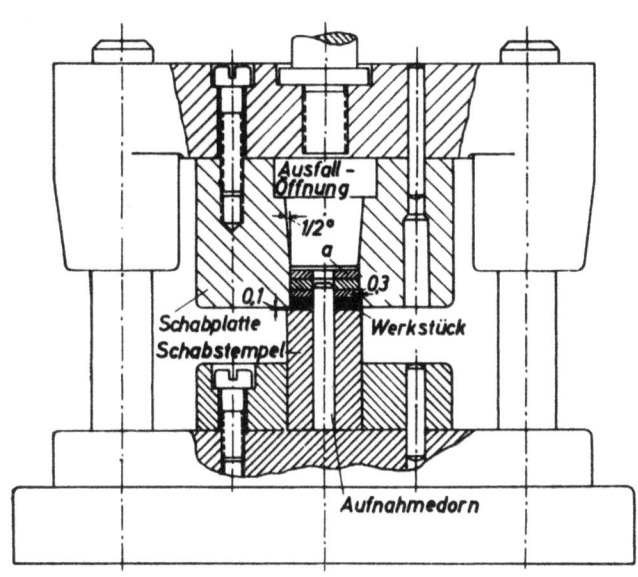

Abbildung 13

Nach oben arbeitendes Schabwerkzeug in einem Führungsgestell

Beim Schwingschnitt soll der Stempel nicht in die Schnittplatte eintauchen. Man macht ihn so groß wie das vorgeschnittene Teil, also größer als den Durchbruch in der Schabplatte. Dadurch vermeidet man eine Gratbildung am geschabten Teil. Ein solcher Stempel erfordert natürlich eine sehr genaue Hubeinstellung der Presse, da er sich in der unteren Totpunktlage noch 0,1 mm oberhalb der Schabplatte befinden soll. Das zu schabende Schnitteil wird durch das nachfolgende Teil weiter in die Schnittplatte hineingedrückt und somit erst durch den nachfolgenden Schabhub auch im restlichen Teil der Schnittfläche geschabt.

Da der Stempel oberhalb der Schabplatte bleibt, verläuft der eigentliche Schabvorgang in einer Exzenterpresse nahe der unteren Totpunktlage des

Stößels, also bei einer sehr geringen Schnittgeschwindigkeit. Deshalb bewirken schnelle Schwingungen jeweils ein Abheben des Stempels, der hernach wieder schlagartig mit größerer Geschwindigkeit ansetzt (anders Pressen, die den Stößel durch Kurvenscheiben bewegen).

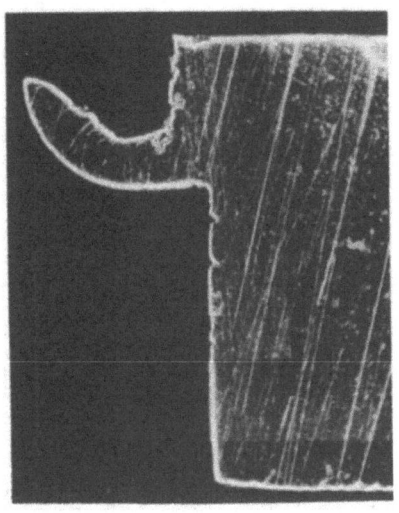 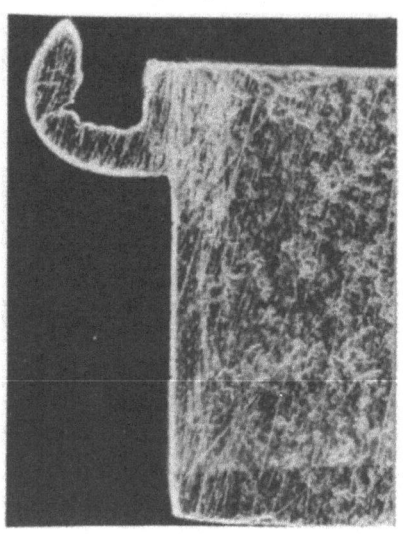

a) ohne Schwingung   b) mit Schwingung

A b b i l d u n g   14a und b

Spanbildung beim Schaben. Werkstoff St 60, Blechdicke s = 2,8 mm

Auf die Vor- bzw. Nachteile, die in den beiden Verfahren, Schaben in üblicher Presse und Schaben mit Schwingschnitt liegen, wird in Abschnitt 7 näher eingegangen.

Zur Schaffung günstiger Schnittbedingungen führt man beim Schabvorgang die Brustseite der Schabplatte vielfach nicht eben aus, sondern kegelig, und zwar unter einer Neigung von etwa 15°, so daß, wie in Abbildung 15 gezeigt, ein Spanwinkel entsteht. Ein solcher Anschliff ist natürlich nur bei einfachen Schnittformen (runde oder rechteckige) ohne Schwierigkeiten auszuführen.

Für ein zweifaches Nachschaben setzt man gemäß Abbildung 15 häufig die beiden Schabplatten mittig untereinander, so daß die Schabteile, nachdem sie durch die erste Schabmatrize hindurchgedrückt sind, auf die zweite auftreffen und hier ein zweiter Span abgehoben wird. Der Einbau einer Führungsplatte ist auch vor der unteren Schabplatte empfehlenswert.

Schließlich sei noch erwähnt, daß zur Vermeidung von Einlegearbeit der Schabvorgang beim Schaben von Lochwandungen in einem Folgewerkzeug erfolgen kann. Dazu wird das Teil nach dem Vorlochen in der zweiten Schnittstellung geschabt und erst dann erfolgt das Ausschneiden des gesamten Schnitteiles.

Für die Konstruktion der Schabwerkzeuge ist es wichtig, für die verschiedenen Blechdicken und Werkstoffe die erforderlichen Schabzugaben zu kennen. Darauf wird im nächsten Abschnitt näher eingegangen.

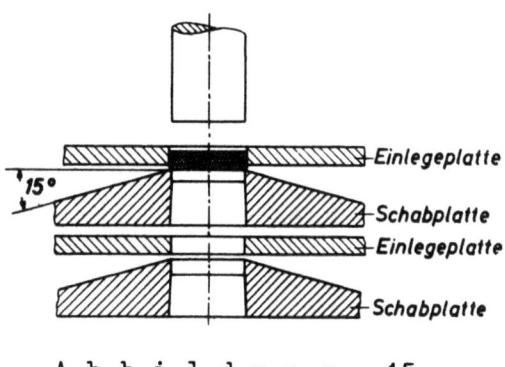

Abbildung 15
Werkzeug für Mehrfachschaben

II. Schabzugaben und erzielbare Oberflächengüte

In Teil I wurde gezeigt, welche verschiedenen Schnittflächen sich unter verschiedenen Voraussetzungen beim Vorschneiden ergeben. Nunmehr folgen Angaben über die erforderlichen Schabzugaben, die bei der Konstruktion der Werkzeuge bekannt sein müssen, sowie verschiedene Gesichtspunkte für das Einlegen der Werkstücke in das Schabwerkzeug. Schließlich werden die bei den verschiedenen Verfahren erzielbaren Oberflächengüten miteinander verglichen.

1. Die erforderliche Schabzugabe

Unter Schabzugabe ist die Dicke der abzuhebenden Werkstoffschicht zu verstehen. Sie wird bestimmt als Abstand zwischen Vorschneidfläche und Schabfläche an der dicksten Stelle (Abb. 12 in Teil I). Durch systematische Reihenuntersuchungen wurden die Schabzugaben bei den verschiedensten Versuchsbedingungen ermittelt. Dabei ergaben sich als wesentliche Einflußgrößen:

        a) der Schnittspalt,
        b) der Werkstoff,
        c) die Blechdicke.

1.1 Einfluß des Schnittspaltes

Durch die Erläuterung des Schnittvorganges im ersten Teil dieser Veröffentlichung wurde bereits aufgezeigt, daß bei Stahl bis 40 kg/mm^2 Festigkeit ein kleiner Schnittspalt zu einer Einzipfelung und damit zu einer bestimmten Einrißtiefe in den Werkstoff des Butzens bzw. des gelochten Bleches führt. Andererseits ergibt ein großer Schnittspalt ein Durchreißen des Werkstoffes, wobei der Rißverlauf auf die Gegenschneide des Werkzeuges zu gerichtet ist und damit zu einer kegeligen Bruchfläche führt. Im zweiten Fall entspricht der kleinste Durchmesser der Bruchfläche dem Stempelmaß. Daraus ist bereits ersichtlich, daß sich bei großem Schnittspalt als Schabzugabe das halbe Übermaß zwischen Butzendurchmesser und Stempeldurchmesser, einfacher gesagt: die Schnittspaltgröße, ergibt. Setzt man erfahrungsgemäß einen großen Schnittspalt etwa gleich 10 % der Blechdicke, so bedeutet das, daß man auch mit einer Schabzugabe von etwa 10 % der Blechdicke zu rechnen hat.

Bei kleinem Schnittspalt und damit bei Auftreten einer Zipfelung, auf die wiederholt hingewiesen wurde, ist die Einrißtiefe in den Werkstoff größer als der Schnittspalt, dabei aber trotzdem kleiner als bei großem Schnittspalt. Trägt man die Schabzugaben in Abhängigkeit vom Schnittspalt bei einem bestimmten Werkstoff und einer bestimmten Blechdicke auf, so ergibt sich der in Abbildung 16 gezeichnete Kurvenverlauf. Man ersieht daraus, daß zwar bei kleinem Schnittspalt die auf den Schnittspalt bezogene Einrißtiefe und damit die bezogene Schabzugabe größer ist, der größte Absolutwert der Schabzugabe jedoch bei dem größten Schnittspalt auftritt. Auf Grund dieses Ergebnisses ist daher stets dann ein kleiner Vorschnittspalt anzustreben, wenn ein Schnitteil nachgeschabt werden soll.

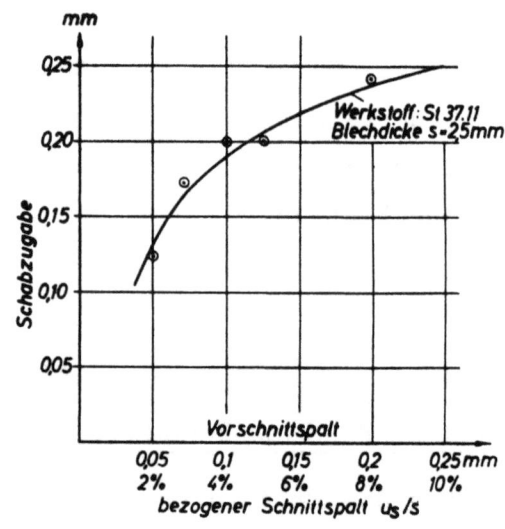

A b b i l d u n g   16
Schabzugabe in Abhängigkeit vom Vorschnittspalt (Werkstoff St 37.11, Blechdicke s = 2,5 mm)

1.2 Einfluß des Werkstoffes

Der Werkstoff des zu schabenden Werkstückes hat, da er den Ablauf des Schnittvorganges beim Vorschneiden beeinflußt, auch für die Bemessung der Schabzugabe eine wesentliche Bedeutung. Die Unterschiede zwischen harten und weichen Werkstoffen liegen beim Vorschneiden einmal in der Eindringtiefe des Stempels bis zum ersten Anriß. Die Stofftrennung tritt nämlich um so früher ein, je spröder und härter der Werkstoff ist, während bei weichem Werkstoff, etwa der Güteklasse St VIII.23 der Stempel verhältnismäßig tief eindringt, bevor der Werkstoff einreißt. Des weiteren kommt es bei spröden Werkstoffen und Blechdicken bis 3 mm auch bei kleinen Schnittspalten meist zu keiner Zipfelbildung, da der Werkstoff bald durchreißt und einen hohlkehlenartigen Schnittflächenquerschnitt hinterläßt. Das Zusammenwirken beider Erscheinungen (die geringe Eindringtiefe bis zum Anriß, sowie das unmittelbare Durchreißen des Werkstoffes) führt zu größeren Einrißtiefen, als sie bei weichen Stahlsorten (siehe 24) ermittelt wurden. Bei Blechdicken über 4 mm treten bei kleinem Schnittspalt auch bei harten Blechen Zipfel auf. Trotzdem ergeben sich auch hier größere Einrißtiefen und damit größere Schabzugaben als bei Blechen bis 40 kg/mm^2 Festigkeit. Aus diesen Beobachtungen heraus und auf Grund eingehender Messungen an vorgeschnittenen Teilen ergibt sich für spröde Werkstoffe, daß selbst bei großem Schnittspalt eine größere Schabzugabe erforderlich ist, als der Schnittspalt ausmacht, d.h. daß man bei harten Werkstoffen und großem Schnittspalt mit mehr als 10 % der Blechdicke als Schabzugabe zu rechnen hat.

Sehr weiche Werkstoffe, Al 99,5 w, ergeben beim Vorschneiden infolge des sogenannten Schmierens bereits derart gute Schnittflächen, daß nur sehr kleine Schabzugaben erforderlich sind, wenn sich überhaupt ein Nachschaben als notwendig erweist.

1.3 Einfluß der Blechdicke

Grundsätzlich ist mit zunehmender Blechdicke ein stetiges Anwachsen der Schabzugabe zu erwarten. Das gilt bei kleinem Vorschnittspalt ebenso wie bei großem, sowie ferner für weiche und harte Werkstoffe. Bei <u>Blechen bis 40 kg/mm^2 Festigkeit</u> und Blechdicken über 3 bis 4 mm kommt aber ein weiterer Einfluß hinzu, der sich auf die Schabzugabe auswirkt.

Diese Mittelbleche neigen bei kleinem Schnittspalt zu einer Doppel-Einzipfelung. Ihr Entstehen ist darin begründet, daß der Einriß nur bis zu einer gewissen Tiefe in den Werkstoff dringt. Ist die Blechdicke im Verhältnis zu dieser Einrißtiefe groß, so erfolgt nach der ersten Zipfelbildung ein erneutes Durchschieben des Werkstoffes über die Schnittplattenkante hinweg in einem Ausmaß, daß die erneute Streckung und Beanspruchung der Werkstoffasern zu einem weiteren Einriß und damit zu der erwähnten Doppelzipfelung führen (Abb. 17). Nach diesen Feststellungen kommt man zu dem Ergebnis, daß bei Blechdicken über 3 bis 4 mm keine große Zunahme der Schabzugabe mehr erforderlich ist.

Abbildung 17
Blechausschnitt mit Doppelzipfelung (Werkstoff St 34; Blechdicke s=3,5 mm)

Bei harten, spröden Werkstoffen, die nicht so dehnungsfähig und damit zu wiederholten Faserstreckungen fähig sind, sind keine mehrfachen Zipfelungen zu erwarten; wohl aber treten bei kleinen Schnittspalten und Blechdicken über 3 bis 4 mm einfache Zipfel auf. Dabei steigt die Schabzugabe mit zunehmender Blechdicke stetig an (Abb.18).

1.4 Zahlentafeln für Schabzugaben

Unter Berücksichtigung aller dieser Einflüsse wurden nach umfangreichen Versuchen die Zahlentafeln 2 und 3 zusammengestellt, die die Schabzugaben für verschiedene Werkstoffe, Schnittspalte und Blechdicken bis 6 mm enthalten. Damit sind die Schabzugaben außer für die Feinbleche auch für die Mittelbleche und die dünnsten Grobbleche, also für weite Teile des Apparatebaues, festgelegt.

Wenn man einen kleinen Vorschnittspalt von 2 bis 4 % der Blechdicke anwendet, der in mehrfacher Hinsicht zu empfehlen ist (siehe dazu auch Abschnitt 5), dann läßt sich die Schabzugabe allein in Abhängigkeit von der Blechdicke in einem handlichen Schaubild darstellen (Abb. 18).

2. Einfluß der Schabrichtung

Die Schnitteile können entweder in der gleichen Richtung, in der sie vorgeschnitten wurden, oder in entgegengesetzter Richtung nachgeschabt werden. Von der zweiten Art wird häufig Gebrauch gemacht, vor allem, wenn man gleichzeitig eine Rückbildung der auf der einen Blechseite

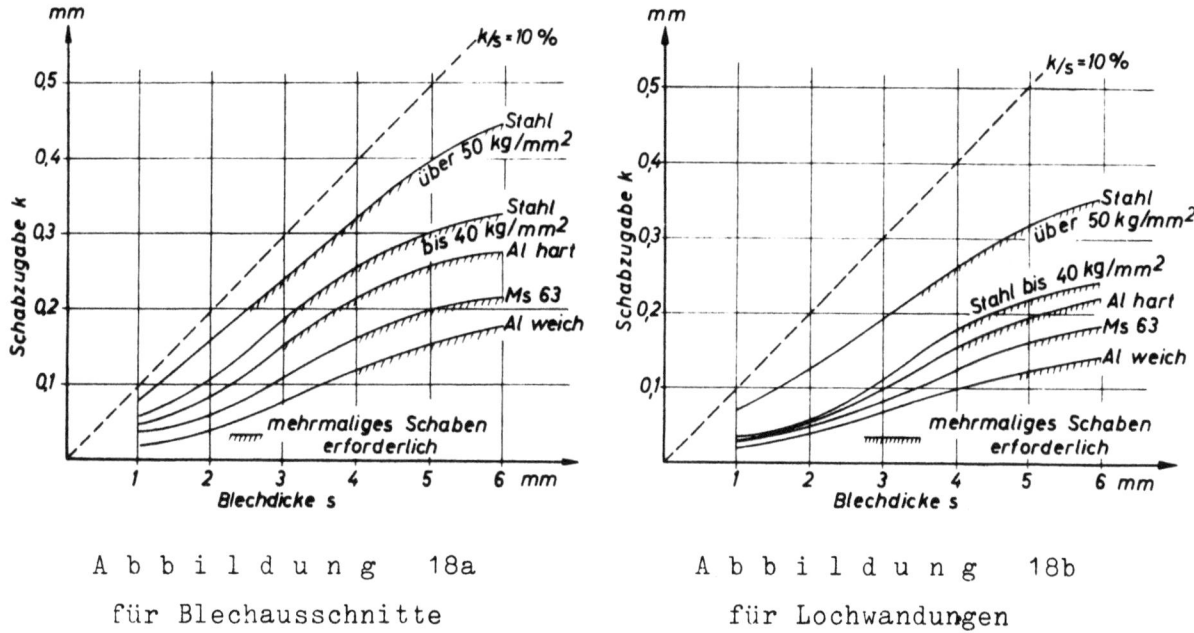

Abbildung 18a
für Blechausschnitte

Abbildung 18b
für Lochwandungen

Abbildung 18a u. b
Schabzugabe in Abhängigkeit von der Blechdicke bei verschiedenen Werkstoffen. (Bezogener Schnittspalt U_s/s = 2 - 4 %)

entstandenen Einrundung des Werkstoffes erreichen will. Vor allem bei dünnen Blechen bis etwa 2 mm und wenn nicht allzu große Schabzugaben vorliegen, erreicht man diese Rückbildung und damit eine scharfkantige Schnittfläche sehr gut, ohne daß die Schnittflächengüte dadurch beeinträchtigt wird. Schwieriger wird ein solches "Schaben entgegen der Vorschneidrichtung" jedoch in zwei Fällen, nämlich wenn bei größerer Blechdicke größere Schabzugaben abzuheben sind und stets, wenn mit großem Spalt vorgeschnitten wurde; der Span wird dabei gegen Ende des Schabhubes derart dick, daß er sich auf der Schabplatte abstützt, ohne abzugleiten. Dann erfolgt am Ende des Schabweges ein Abreißen, das eine unsaubere Schnittfläche ergibt. Die Neigung dazu ist besonders groß, wenn der Stempel in die Schabplatte eintaucht, da das Spiel zwischen ihm und der Schabplatte das Abreißen begünstigt.

Nicht so sehr tritt die Gefahr des Abreißens beim Schaben durch Schwingschnitt auf, bei dem sich, wie in Abbildung 14 gezeigt wurde, der Span stärker abbiegt. Die Gefahr des Abreißens bei großem Vorschnittspalt durch die Materialhäufung beim "Schaben in entgegengesetzter Richtung" wird auch an der Aufzeichnung des Kraftverlaufs über dem Schabweg deutlich (Abb. 19b im Gegensatz zu Abb. 19a). Die diesem Diagramm zugehörigen

Tabelle 1

Schabzugabe für Blechausschnitte

Werkstoff	Vorschnitt-spalt u_s/s	Blechdicke							
		1	1,5	2	2,5	3	4	5	6
Stahl bis 40 kg/mm²	2 %	0,03	0,04	0,06	0,08	0,11	0,18	0,22	0,24
	5 %	0,07	0,10	0,13	0,16	0,20	0,28	0,36	0,42
	8 bis 10 %	0,10	0,15	0,20	0,25	0,30	0,40	0,50	0,60
Stahl über 50 kg/mm²	2 %	0,07	0,10	0,13	0,15	0,19	0,26	0,32	0,35
	5 %	0,10	0,15	0,19	0,23	0,28	0,36	0,44	0,50
	8 bis 10 %	0,14	0,19	0,24	0,29	0,34	0,43	0,53	0,62
Messing (Ms 63)	2 %	0,03	0,04	0,05	0,06	0,08	0,12	0,16	0,18
	5 %	0,07	0,10	0,12	0,15	0,18	0,26	0,32	0,35
	8 bis 10 %	0,10	0,15	0,20	0,23	0,28	0,36	0,45	0,50
Al weich	2 %	0,02	0,03	0,04	0,05	0,07	0,10	0,12	0,14
	5 %	0,05	0,07	0,10	0,13	0,15	0,20	0,26	0,30
	8 bis 10 %	0,08	0,12	0,16	0,20	0,23	0,30	0,36	0,42
Al hart	2 %	0,03	0,04	0,06	0,08	0,10	0,15	0,19	0,22
	5 %	0,07	0,10	0,13	0,16	0,20	0,28	0,34	0,38
	8 bis 10 %	0,10	0,15	0,20	0,25	0,30	0,38	0,46	0,52

→ Mehrmaliges Schaben erforderlich

Tabelle 2

Schabzugabe für Lochwandungen gelochter Bleche

Werkstoff	Vorschnitt-spalt U_s/s	Blechdicke							
		1	1,5	2	2,5	3	4	5	6
Stahl bis 40 kg/mm²	2 %	0,06	0,08	0,11	0,14	0,19	0,26	0,30	0,33
	5 %	0,08	0,12	0,16	0,20	0,25	0,34	0,42	0,48
	8 bis 10 %	0,10	0,15	0,20	0,25	0,30	0,40	0,50	0,60
Stahl über 50 kg/mm²	2 %	0,08	0,12	0,16	0,20	0,25	0,32	0,40	0,45
	5 %	0,12	0,16	0,21	0,25	0,30	0,38	0,48	0,56
	8 bis 10 %	0,14	0,19	0,24	0,29	0,34	0,43	0,53	0,62
Messing (Ms 63)	2 %	0,04	0,05	0,06	0,08	0,12	0,16	0,20	0,22
	5 %	0,08	0,10	0,14	0,17	0,20	0,28	0,34	0,38
	8 bis 10 %	0,10	0,15	0,20	0,23	0,28	0,36	0,45	0,50
Al weich	2 %	0,02	0,03	0,04	0,06	0,08	0,12	0,15	0,18
	5 %	0,06	0,08	0,11	0,14	0,18	0,23	0,28	0,33
	8 bis 10 %	0,08	0,12	0,16	0,20	0,23	0,30	0,36	0,42
Al hart	2 %	0,05	0,06	0,09	0,12	0,15	0,22	0,26	0,28
	5 %	0,08	0,10	0,15	0,20	0,24	0,32	0,38	0,42
	8 bis 10 %	0,10	0,15	0,20	0,25	0,30	0,38	0,46	0,52

⟶ Mehrmaliges Schaben erforderlich

Schnittkantenprofile lassen erkennen, daß beim Schaben in der Vorschneidrichtung die Gefahr des Abreißens nicht so groß ist.

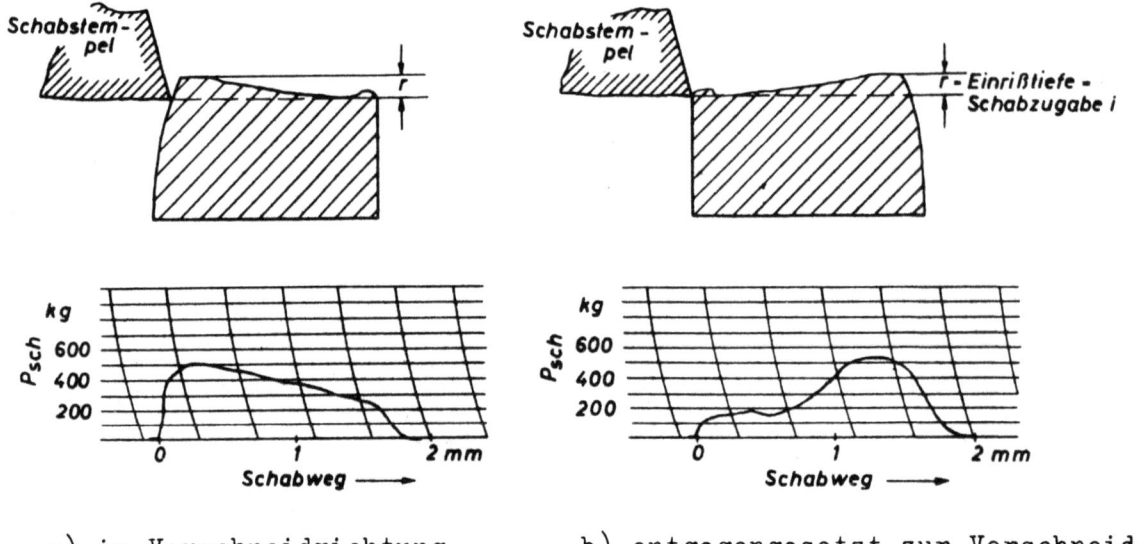

a) in Vorschneidrichtung   b) entgegengesetzt zur Vorschneidrichtung

A b b i l d u n g   19a und b
Kraft-Weg-Diagramm beim Schaben mit großem Vorschnittspalt
(u_s/s = 8 bis 10 %)

Am Schnittkantenprofil einer in entgegengesetzter Richtung geschabten Kante (Abb. 20) ist ersichtlich, an welcher Stelle der Span beim Nachschaben abgerissen ist (**Maß a**).

Auch diese Beobachtung bekräftigt die Empfehlung, das Vorschneiden der zu schabenden Teile mit einem kleinen Vorschnittspalt und daher mit geringer Schabzugabe durchzuführen, denn dann ist auch beim Schaben in umgekehrter Richtung mit großer Wahrscheinlichkeit kein Abreißen zu erwarten.

Ferner sei daran erinnert, daß bei kleinem Vorschnittspalt die Eindringtiefe des Stempels bis zum Anriß kleiner ist als bei großem. Auch daraus ergibt sich beim Schaben in entgegengesetzter Richtung gegen Ende des Schabhubes zu ein kleinerer abzuhebender Spanquerschnitt als bei großem Schnittspalt.

Beim Schaben größerer Blechdicken (etwa von 3 - 4 mm ab) ist in jedem Fall ein mehrmaliges Schaben erforderlich, da der abzuhebende Werkstoffquerschnitt durch seine Abstützung auf der Schabplatte zum Abreißen führen würde. In diesen Fällen wählt man das Übermaß der ersten Schabstufe größer, etwa 3/4 der Gesamtschabzugabe, so daß man beim zweiten Nachschaben nur noch einen feinen Span abzuheben braucht. Bei mehrfachem Schaben kann ohne weiteres sowohl vorwärts wie auch rückwärts geschabt werden, da die Gefahr des Abreißens bei dem zweiten dünnen Span nicht mehr besteht.

In der Tabelle 1 und 2 sowie in Abbildung 18 ist der Bereich besonders hervorgehoben, in dem ein mehrfaches Schaben erforderlich wird.

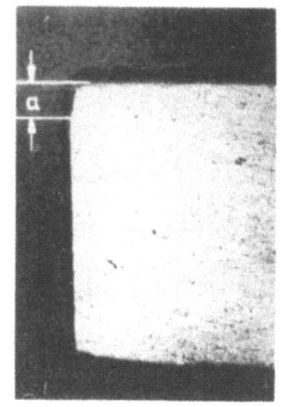

Abbildung 20
Schnittflächenprofil nach dem Schaben in entgegengesetzter Richtung. a = Maß des Werkstoffausrisses. (Werkstoff St VII 23; Blechdicke s=2,5mm)

3. Die erzielbare Schnittflächengüte

Als Beispiel zeigt Abbildung 21 die Oberflächenaufnahme der Schabfläche eines 2 mm dicken Bleches aus St 37.11. Dem gleichen Bild ist eine mit dem Leitz-Forster-Gerät aufgenommene Oberflächenprofilaufnahme zugeordnet, die die Querrauhigkeit der Schnittfläche erkennen läßt. Das Bild zeigt, daß durch das Schaben eine Rauhtiefe von weniger als 4 μ erreicht wurde; das entspricht beim Abspanen einer guten Schlichtarbeit.

Eine weitere geschabte Fläche an einem 5 mm dicken Aluminiumblech gibt Abbildung 22 wieder.

4. Vergleich zwischen Schaben mit und ohne Schwingungsüberlagerung

Beim Schwingschneiden, insbesondere von härteren Stahlblechen, zeichnet sich gewöhnlich jeder einzelne Schwinghub am Schnittflächenprofil ab.

A b b i l d u n g   21a
Oberflächenaufnahme eines geschabten Blechausschnittes
(Blechdicke s = 2 mm, Werkstoff St 37.11)

Abbildung 21b
Oberflächenprofilaufnahme zu Abbildung 21a (quer zur Schabrichtung getastet)

Die sich dadurch ergebende Längsrauhigkeit ist aus Abbildung 23a erkennbar, während Abbildung 23b die Querrauhigkeit der gleichen Schabfläche zeigt. In Abbildung 23a ist die Hublänge einer jeden Schwingbewegung durch das Maß I angedeutet; die Aufnahme läßt erkennen, wieviele Schwinghübe je mm Vorschub von der entsprechenden Repassierpresse geleistet wurden. Es zeigen sich beim einzelnen Schwingungshub kurze Vertiefungen von 2 bis 4 µ Tiefe.

Abbildung 22
Oberflächenaufnahme eines geschabten Aluminiumbleches (s = 5 mm). Werkstoff Al 99,5 h

Andererseits wurde in Abschnitt 3 als Vorteil des Schwingschnittes die günstigere Spanbildung erwähnt und dabei angedeutet, daß ein Ausreißen durch die günstigere Werkstofftrennung nicht so leicht möglich sei. Nun muß noch der Beweis erbracht werden, daß diese Feststellung allein in der Schwingungsüberlagerung und nicht etwa in einem unterschiedlichen Werkzeugaufbau begründet ist. Es darf also dieser Einfluß nicht davon herrühren, daß bei einem Schabewerkzeug, bei dem der Stempel in die Schabeplatte eintaucht, das Ausreißen des Werkstoffes durch den Einfluß des Schnittspaltes entsteht. Deshalb wurden in der Untersuchung zur Ermittlung des Schwingungseinflusses alle übrigen Einflußgrößen gleich gehalten, d.h. es wurde mit dem gleichen Werkzeug gearbeitet, gleiche Blechstoffe wurden verwendet, die Proben an der gleichen Stelle des Schnittlinienumfangs entnommen und schließlich auch das Werkzeug beim Arbeiten mit und ohne Schwingung unter der gleichen Presse (Repassierpresse) eingebaut.

Der Stempel des Werkzeuges war dicker als der Schabplattendurchbruch und blieb daher oberhalb der Schabplatte. Die Auswirkung auf die Spanbildung geht aus Abbildung 24 und 25 hervor. Abbildung 25, die die Spanbildung ohne Schwingungsüberlagerung zeigt, weist deutlich gegen Ende des Schabhubes das <u>Ausreißen</u> des Werkstoffes infolge Materialhäufung und Abquetschung auf. Abbildung 24 hingegen läßt das günstigere Einrollen des Spanes durch die kurzen, schnellen Schwingungshübe und die daraus entstandene einwandfreie Glättung über den ganzen Schabhub erkennen.

 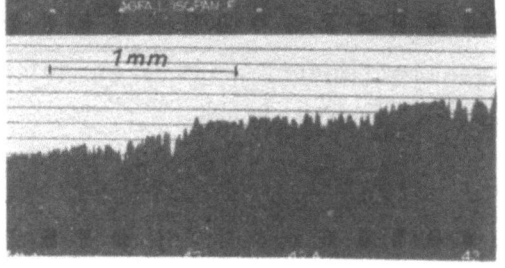

A b b i l d u n g   23a
in Schabrichtung getastet

A b b i l d u n g   23b
quer zur Schabrichtung getastet

A b b i l d u n g   23a u. b
Oberflächenprofilaufnahmen eines mit Schwingschnitt geschabten Blechausschnittes (Werkstoff St 60, Blechdicke s = 2,8 mm)

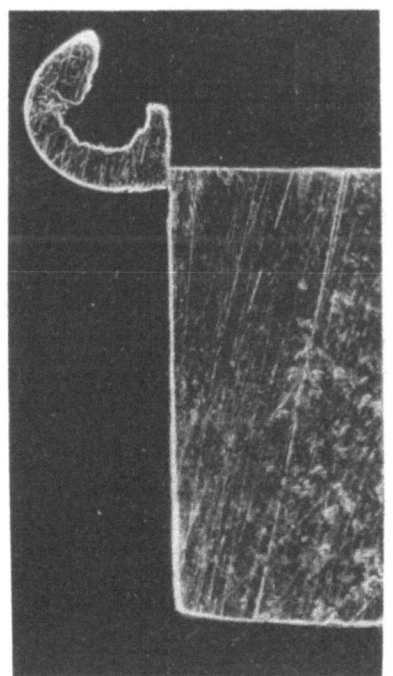 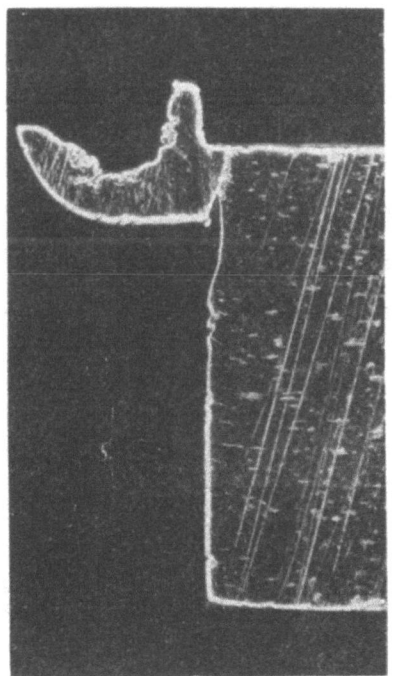 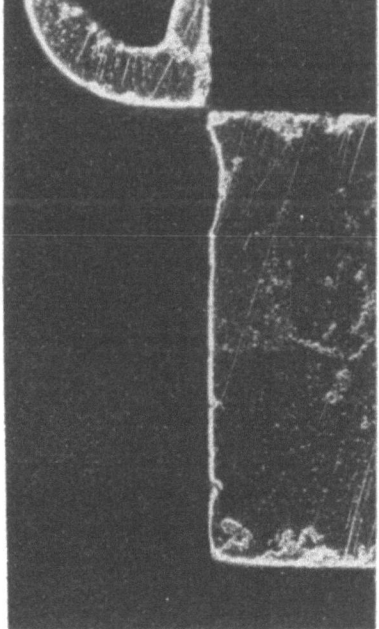

A b b i l d u n g   24
Abtrennen der Späne beim Schaben mit Schwingschnitt (Werkstoff St 60; Blechdicke s = 2,8 mm)

A b b i l d u n g   25a und b
Abtrennen der Späne beim Schaben ohne Schwingungsüberlagerung (Werkstoff St 60; Blechdicke s = 2,8 mm)

Gerade durch diesen Vergleich der Spanbildung dürfte erwiesen sein, daß das Schaben mit Schwingungsüberlagerung eine gewisse Überlegenheit aufweist.

5. Zusammenfassung der Versuchsergebnisse

Zusammenfassend läßt sich auf Grund der durchgeführten Untersuchung folgendes feststellen:

a) Schnitteile, die nachgeschabt werden sollen, sind mit einem kleinen Schnittspalt (2 bis 4 % der Blechdicke) vorzuschneiden.

b) Schaben in "entgegengesetzter Richtung" führt zu einer Rückformung der Einrundung der Blechteile und damit zu scharfkantigen Teilen. Dieser Vorteil entfällt jedoch bei großem Vorschnittspalt und Blechen über 2 bis 3 mm aus weichen Werkstoffen, da hierbei die Werkstoffstauchung gegen Ende des Schabhubes zu einem Abreißen des Werkstoffes an der Schabfläche führt.

c) Beim Mehrfach-Schaben kann die Schabrichtung in Vorschneid- wie auch in entgegengesetzter Richtung gewählt werden.

d) Der Schwingschnitt führt zu günstiger Spanbildung; die Gefahr des Abreißens am Ende der Schabfläche entfällt.

e) Für die Werkstatt werden die erforderlichen Schabzugaben entweder aus der Tabelle 1 für Schnitteile, aus der Tabelle 2 für gelochte Teile oder, wenn man nur mit engem Vorschnittspalt arbeitet, aus Abbildung 18 entnommen. Zu beachten ist die Angabe, wo doppeltes Schaben erforderlich ist.

Prof. Dr.-Ing. Otto KIENZLE
Dr.-Ing. Friedrich Wilhelm TIMMERBEIL

Das Schneiden von Blech mit dachförmig angeschliffenen Werkzeugstirnflächen

Beim Schneiden von Blech pflegt man sehr oft die Stirnflächen der Werkzeuge nicht eben - als sog. Vollkantschnitte - sondern schräg anzuschleifen. Das geschieht stets dann, wenn die beim Vollkantschnitt auftretende Schneidkraft die Nennkraft der verwendeten Presse übersteigt. Als Anschliffart wird dabei ein dachförmiger Anschliff der Stirnfläche bevorzugt. Je nachdem, ob das ausgeschnittene Teil oder das gelochte Blech verwendet wird, ist entweder der Stempel oder die Schnittplatte in dieser Weise anzuschleifen. Ein einseitig schräger Anschliff ist nicht ratsam, da dies vor allem bei dünnen Stempeln zu einem Abdrängen des Stempels infolge der auftretenden Seitenkräfte führen würde.

1. Vorgänge beim Vollkantschnitt

Die beim dachförmigen Anschliff erzielte kleinere Größtkraft beim Schneiden ergibt sich aus den gegenüber dem Vollkantschnitt abweichenden Vorgängen in der Schnittzone. Zur Erklärung dieser Abweichungen sind die Unterschiede zum Schneidvorgang beim Vollkantschnitt - bei dem die Schneidkante in vollem Umfang gleichzeitig in das Werkstück eindringt - herauszustellen. Die Vorgänge beim vollkantigen Schnitt sind in einer früheren Veröffentlichung [1] eingehend behandelt, so daß hier nur die wesentlichen Merkmale erwähnt seien: Beim Eindringen des Stempels in das Blech geht dem eigentlichen Trennen eine beachtliche Verformung des Werkstoffes in der Schnittzone über den gesamten Schnittlinienumfang hinweg voraus; nach dem Überschreiten des Formänderungsvermögens entsteht entlang der Schneidkante der Schnittplatte ein Einriß, der die Trennung einleitet. Diese führt im weiteren Verlauf zu der bei kleinem Schneidspalt sich ausprägenden Zipfelbildung an den Schnitteilen, während die Schnittflächen der Teile bei großem Schneidspalt durch eine unmittelbare Durchtrennung gekennzeichnet sind.

Diese hier nur angedeuteten Vorgänge zeichnen sich in den mit dem Schneidweg veränderlichen Schneidkräften ab. Damit bilden auch diese eine Grundlage für Betrachtungen über die Auswirkung veränderter Anschliffwinkel an den Schneidkanten.

Abbildung 1 zeigt den Kraft-Weg-Verlauf beim Schneiden mit vollkantigem Schnitt. Dem elastischen Eindringen des Stempels in das Blech entspricht der zunächst lineare Anstieg der Schneidkraft. Je mehr der

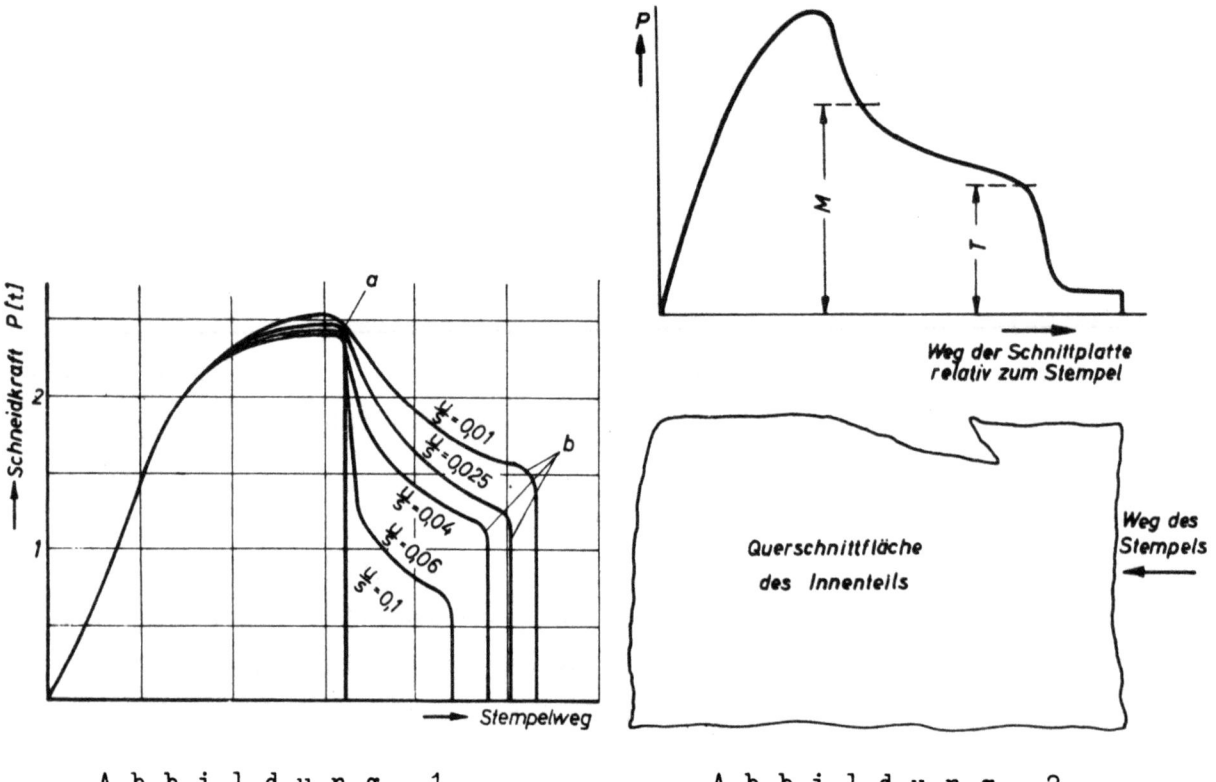

Abbildung 1
Kraft-Weg-Verlauf beim Schneiden von St-Blech für verschiedene Schneidspalte. Werkstoff: St VIII 23, Blechdicke s = 2,8 mm

Abbildung 2
Beziehung zwischen Kraft-Weg-Schaubild und Schneidvorgang bei Blech St VIII 23

Werkstoff ins Fließen gerät und damit der bildsame Anteil an der Werkstoffverformung zunimmt, weicht die Kraft-Weg-Kurve im ansteigenden Ast von ihrer linearen Form ab. Der Verlauf a in Abbildung 1 kennzeichnet die Kraft für die der Werkstofftrennung vorausgehende Verformung. Der Beginn des Werkstoffeinrisses führt dann zu einer plötzlichen Entlastung; nach dem Einriß erfolgt unter verminderter Kraft das Aufklaffen des Risses bis zur Zipfelbildung. Erst bei der endgültigen Trennung (Punkt b) fällt die Schneidkraft auf Null ab.

Somit entspricht der Kraft-Weg-Verlauf ganz dem früher dargestellten Schneidvorgang. Die Beziehungen zwischen Schneidvorgang und Kraft-Weg-Verlauf zeigt nochmals Abbildung 2, wo der Querschnittsfläche eines mit kleinem Schneidspalt geschnittenen Innenteils die Kraft-Weg-Kurve im gleichen Wegmaßstab zugeordnet ist, und woraus eine Übereinstimmung der Schneidweglängen bis zu den Punkten besonderer Merkmale zu ersehen ist. So geht der Kraftanstieg über einen Stempelweg, der der Verformung vor dem Trennen entspricht und an der geglätteten Zone der Schnittfläche sichtbar ist.

Bei großem Schneidspalt führt ein Anriß nach der Verformung des Werkstoffes zu einem sofortigen Durchtrennen des Werkstückes. Im Kraft-Weg-Diagramm folgt daraus, daß die Schneidkraft gleich nach dem Überschreiten des Formänderungsvermögens bis auf Null abfällt. In Abbildung 1 ist dies durch die für den Schneidspalt u/s = 0,1 dargestellte Kurve wiedergegeben. Zwischen dem Vorgang bei kleinem und großem Schneidspalt gibt es Zwischenstufen. Ohne auf diese näher einzugehen, sind in Abbildung 1 die Kraft-Weg-Kurven für verschiedene Schneidspalte u/s dargestellt; sie beruhen auf Messungen, die vor wenigen Jahren im Institut für Werkzeugmaschinen und Umformtechnik der Technischen Hochschule Hannover vorgenommen wurden.

2. Vorgänge beim dachförmig angeschliffenen Werkzeug

Wenn man die Stirnfläche des Stempels dachförmig anschleift, wird die vorher ebene Schneidkante räumlich verzerrt, so daß sie allmählich in das Blech eindringt. Dabei sind folgende geometrische Eigenschaften zu beachten:

Der dachförmige Anschliff bei runden Lochstempeln führt zu einer stetigen Änderung der Schneidenwinkel entlang der Schneidkante. So wechselt der Winkel γ , wie Abbildung 3 erkennen läßt, vom Wert 0 bis zum Größtwert an der Stelle größter Anschliffhöhe. Auch der Winkel λ , der beim Vollkantschnitt am ganzen Schnittlinienumfang $0°$ beträgt, ändert sich beim dachförmigen Anschliff stetig, und zwar vom Wert 0 an den Stellen größter Anschliffhöhe bis zum Größtwert neben dem Stempel-"First".

Daraus folgt, daß die Schnittbedingungen entlang der Schneidkante veränderlich sind. An der Stelle größter Anschliffhöhe besteht ein Druckschnitt mit negativem Winkel.

Im einzelnen gilt es, für diese Bedingungen folgende Fragen zu klären:
    die Beeinflussung des Schneidvorganges durch den Anschliff,
    der Kraft-Weg-Verlauf bei verschiedenen Anschliffwinkeln,
    die günstigste Anschliffhöhe.

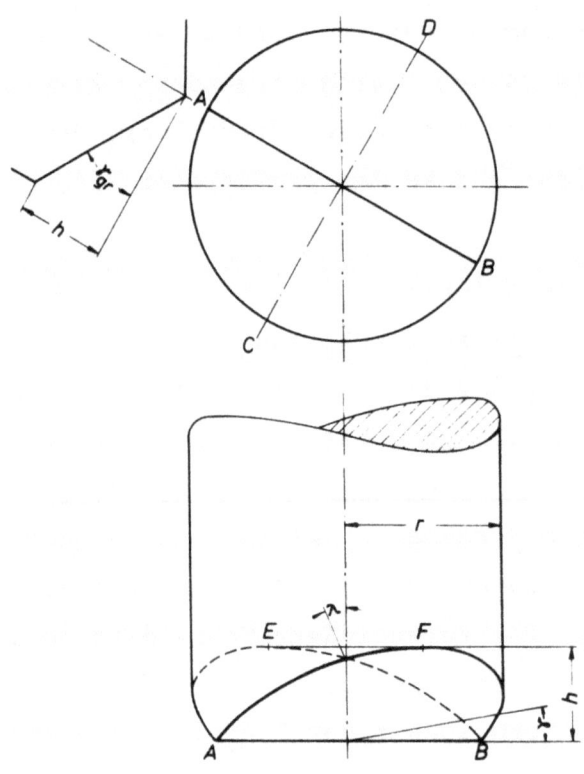

A b b i l d u n g 3

Die Schneidenwinkel bei dachförmigem Anschliff des Stempels

a) Der Schneidvorgang bei dachförmigem Stempel

Die Beurteilung des Schneidvorganges beim Schneiden mit dachförmigem Stempel erfordert eine Beobachtung der Schnittzone in mindestens zwei verschiedenen Querschnittsebenen. Am zweckmäßigsten erweisen sich dazu:

1) die Querschnittsebene in Richtung des Stempelfirstes (A-B in Abbildung 3), sowie

2) die Querschnittsebene senkrecht zu 1) (C-D in Abb. 3),

da in diesen Ebenen der Winkel γ seinen Größt- bzw. Kleinstwert hat. An allen übrigen Stellen der Stempelschneidkanten ergeben sich Übergangsstufen zwischen 1) und 2), deren Untersuchung zum Beurteilen des Vorganges nicht unbedingt erforderlich ist. Bei A und B liegen beim Eindringen des Stempels in den Werkstoff ähnliche geometrische Verhältnisse vor ($\gamma = 0°$, $\lambda = 0°$) wie beim Vollkantschnitt. An allen übrigen Stellen des Schnittlinienumfanges kommen zusätzlich noch folgende Erscheinungen hinzu:

1. Ein Abbiegen und Strecken des Schnitteiles entsprechend der Anschliffform der Stempelstirnseite; dieser Vorgang läßt sich mit dem Streckziehen vergleichen. Durch den Anpreßdruck auf die Schnittplatte wird das Blech eingespannt, worauf das Werkstück durch die Bewegung des Stempels eine dachförmige Form erhält. Das Strecken des Bleches ist erst dann beendet, wenn auch der obere Teil der Stempelkante (E, F in Abb. 3) auf das Blech aufsetzt, worauf auch an dieser Stelle der Schneidkante eine unmittelbare Werkstoffverformung in der Schnittzone eingeleitet wird.

2. Durch die Zugbeanspruchung zufolge des "Streckziehens" wird der Anriß, der durch Überschreiten des Formänderungsvermögens am Stempelfirst eingeleitet ist, in seinem Weiterreißen begünstigt. Das führt am übrigen Teil der Schnittlinie bereits bei kleinerer bezogener Eindringtiefe

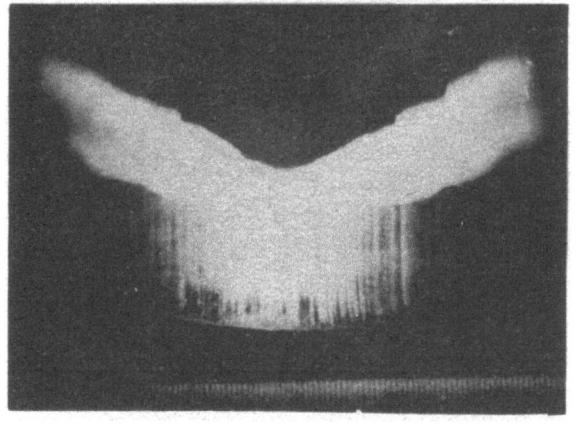 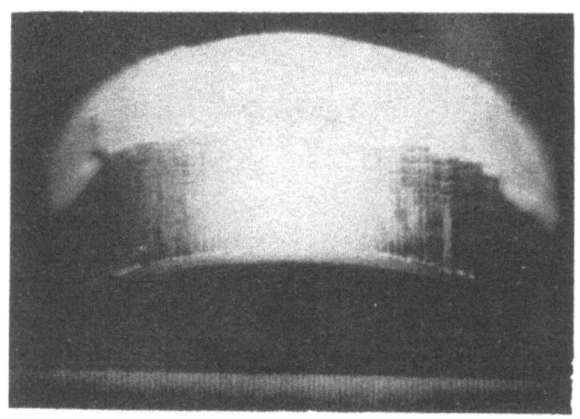

a) bei dachförmigem Stempel; an der Stelle A bzw. B (h/r=0,6)

b) bei dachförmigem Stempel; an der Stelle C bzw. D (h/r = 0,6)

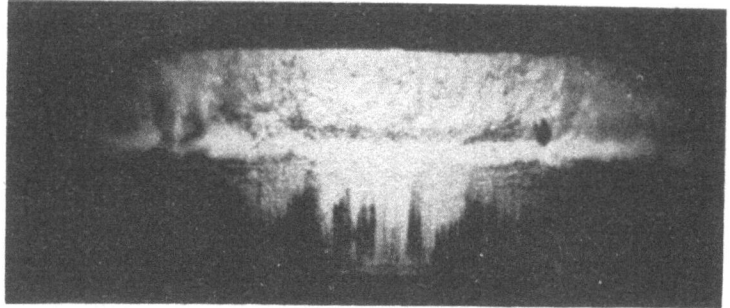

c) zum Vergleich bei vollkantigem Schnitt

Abbildung 4 a bis c
Oberflächenaufnahmen von Schnittflächen
Werkstoff Al 99,5 h, Blechdicke s = 3,5 mm

der zugehörigen Stempelkante zur Trennung. Als Beispiel dafür sind in Abbildung 4a die Schnittflächen eines mit dachförmigem Stempel geschnittenen Innenteiles abgebildet. Die größere Glättungszone im Bereich des Stempelfirstes weist auf die relativ größere Eindringtiefe des Stempels an dieser Stelle vor dem Trennbeginn hin.

3. Die Trennwirkung von der Schnittplattenkante aus wird an den Stellen E und F begünstigt. Diese führt trotz der Biege-Zugbeanspruchung an der oberen Seite bei der Verformung in der Schnittzone zu einem stärkeren radialen Verdrängen des Werkstoffes, so daß die durch die Abdrängung hervorgerufenen zusätzlichen Spannungen die Trennung des Werkstoffes an der Schnittplattenkante fördern.

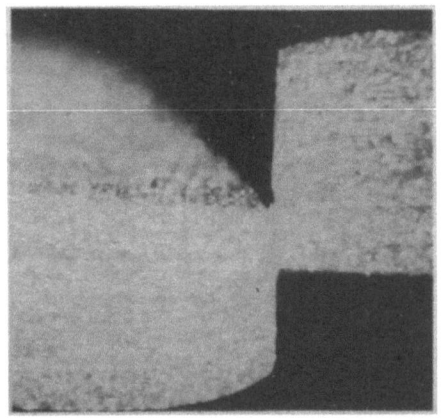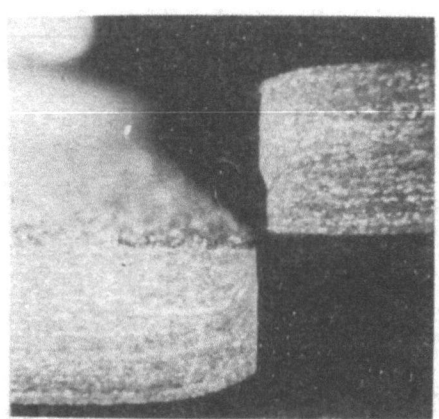

Abbildung 5a und b

Schneidvorgang am Stempelfirst. Werkstoff Al 99,5; Blechdicke s = 3,5 mm; bezogener Schneidspalt u/s = 0,07; Anschliffhöhe h/r = 0,6

4. Am Stempelfirst ergeben sich beim Eindringen in das Werkstück Spannungsspitzen; das führt zu einer vorzeitigen Randfasertrennung an dieser Kante (Abb. 5). An den Seiten C und D führt die Verformung am Anfang, gemäß Abbildung 6, zu einer Streckung oben und einer Kantenbildung unten. Beim weiteren Eindringen des Stempels (Abb. 6b) verläuft der Vorgang, abgesehen von den vier vorerwähnten zusätzlichen Auswirkungen, grundsätzlich ähnlich wie sonst. Auch hier wird der Werkstoff in der Schnittzone zunächst verformt, bevor der Anriß von der Schnittplattenkante her beginnt.

Die Querschnittsaufnahmen in der Ebene CD weisen jedoch bei kleinem Schneidspalt nicht die sonst übliche Zipfelbildung auf. Ursache hiervon ist das Strecken des Werkstoffes an dieser Stelle, das die Blechdicke verringert, bevor die Stellen E bzw. F des Stempels auf das

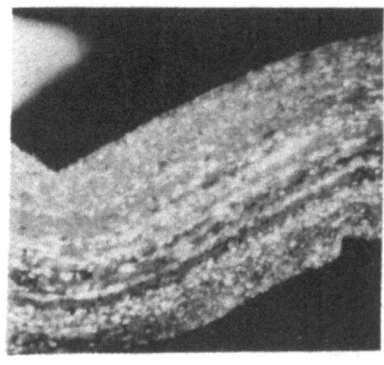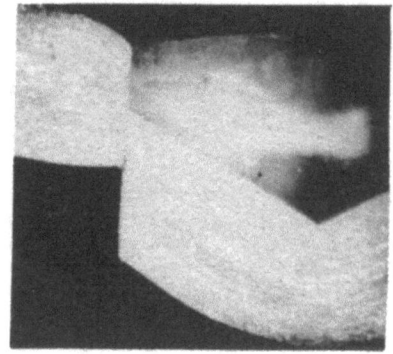

Abbildung 6a bis c

Schneidvorgang an den Seiten C und D. Werkstoff Al 99,5 w; Blechdicke
s = 3,5 mm; bezogener Schneidspalt u/s = 0,07; Anschliffhöhe h/r = 0,6

Werkstück aufsetzen; diese geringere Restblechdicke hat einen größeren bezogenen Schneidspalt zur Folge.

b) Die Kraft-Weg-Kurven bei verschiedenen Anschliffwinkeln

Teilt man die Schneidkante eines dachförmigen Stempels in unendlich kleine Schneidenelemente auf, so kann man annehmen, daß jedes Schneidenteilchen sich bei seinem Eindringen in den Werkstoff wie das Schneidenteil eines vollkantigen Schnittes verhält. Es ergibt sich für jedes kleinste Teil der Schneidkante danach ein Kraft-Weg-Verlauf, der die Merkmale des Vollkantschnittes zeigt. Durch Summierung aller so für die einzelnen Schneidenteile erhaltenen Kraft-Weg-Kurven erhält man theoretisch den Kraft-Weg-Verlauf beim dachförmigen Stempel, wenn man als Richtwerte für die Eindringtiefe und für die Größtkraft den Vollkantschnitt zugrundegelegt.

Unberücksichtigt sind dabei die Biegearbeit, die von der Anschliffhöhe abhängt, sowie der Einfluß des "negativen Spanwinkels".

In dieser Weise wurden die Kraft-Weg-Kurven für verschiedene Anschliffhöhen entwickelt und durch Abbildung 7 und 8 dargestellt. Hierin sind zunächst die den einzelnen Schneidenelementen entsprechenden Kraft-Weg-Kurven angeführt und ist dann die der Summe der Einzelkräfte entsprechende Hüllkurve eingezeichnet. Ein Vergleich mit versuchsmäßig ermittelten Kraft-Weg-Kurven (gestrichelt eingezeichnet) läßt den Anteil der Biegearbeit erkennen. Die Angaben entstammen Versuchen mit verhältnismäßig kleinen Stempeln (10 mm Dmr.) an 2 mm dickem Stahlblech.

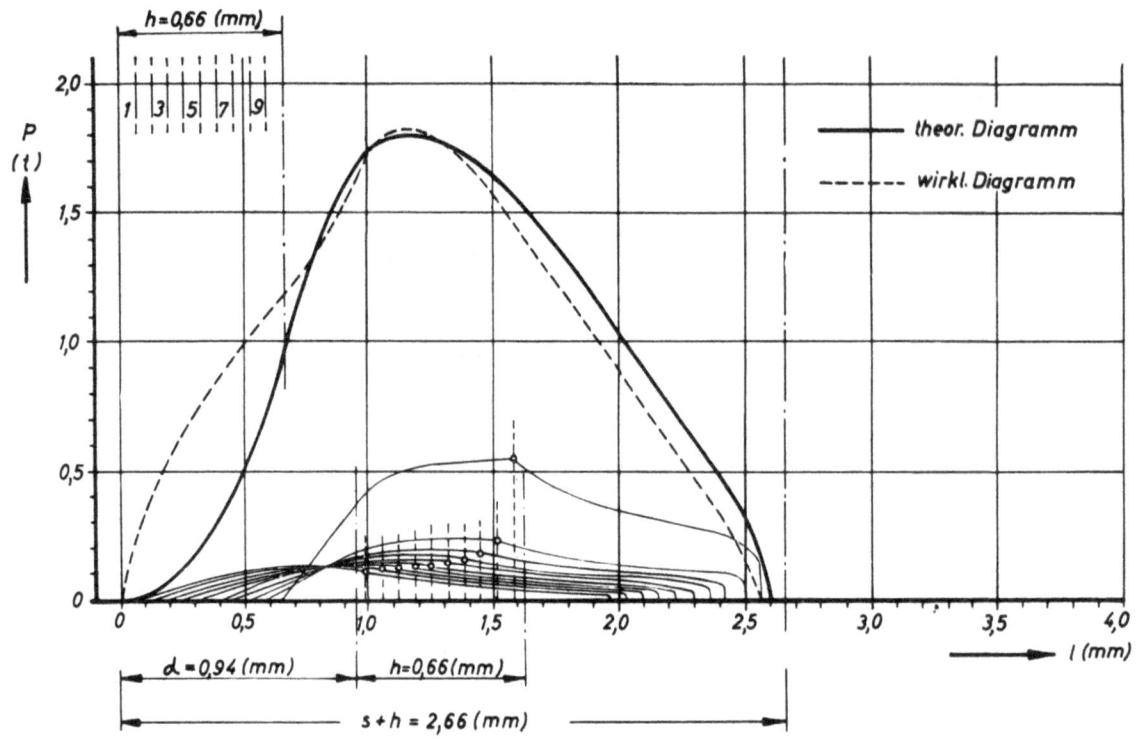

Abbildung 7

Kraft-Weg-Schaubild bei einer Anschliffhöhe h/r = 0,13

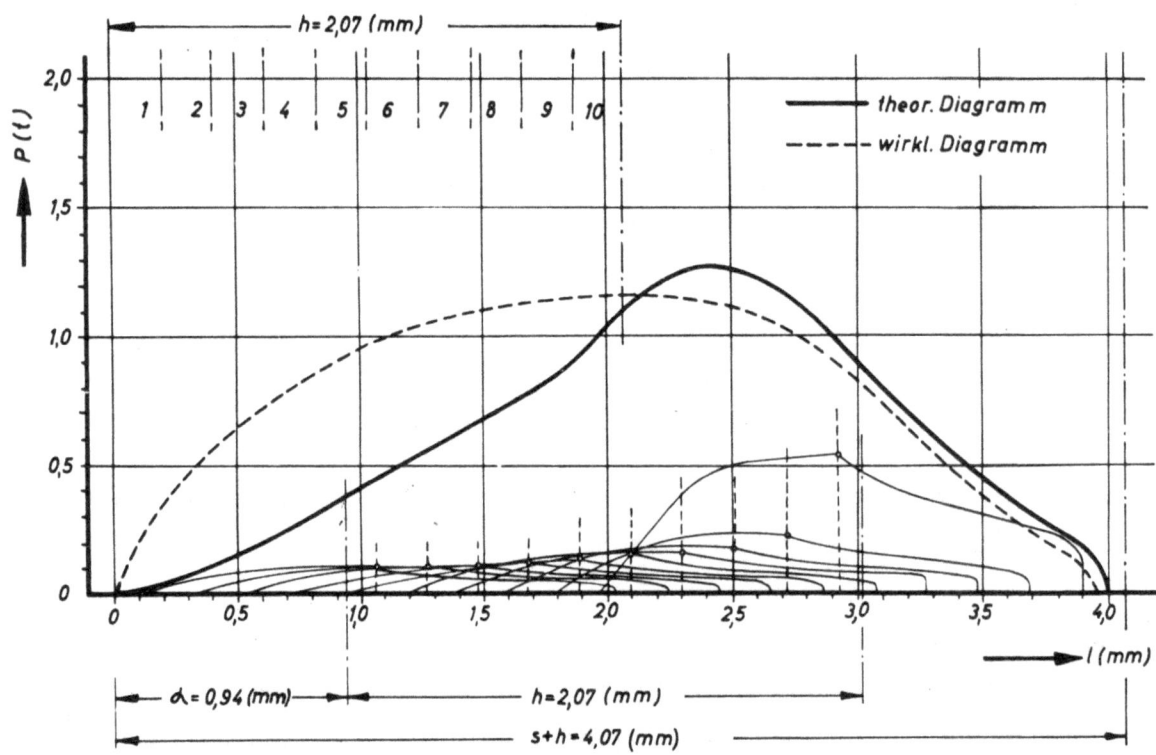

Abbildung 8

Kraft-Weg-Schaubild bei einer Anschliffhöhe h/r = 0,41

Abbildung 7 und 8 zeigen ferner im abfallenden Teil der Kraft-Weg-Kurve um wenige Prozent kleinere Kräfte als die theoretisch ermittelten an.

c) Optimale Anschliffhöhe bei dachförmigen Stempeln

Aus Abbildung 7 und 8 geht hervor, daß sich durch den dachförmigen Anschliff des Stempels die Schneidkraft, die Schneidarbeit sowie der Schneidweg ändern. Während die Schneidkraft geringer wird, nimmt die Schneidarbeit durch den Biegeanteil, der Schneidweg um das Maß der Anschliffhöhe h zu. Es ist zu prüfen, bei welchen Anschliffhöhen sich günstige Verhältnisse zwischen der Minderung der Schneidkraft und der Zunahme der Schneidarbeit und des Schneidweges ergeben.

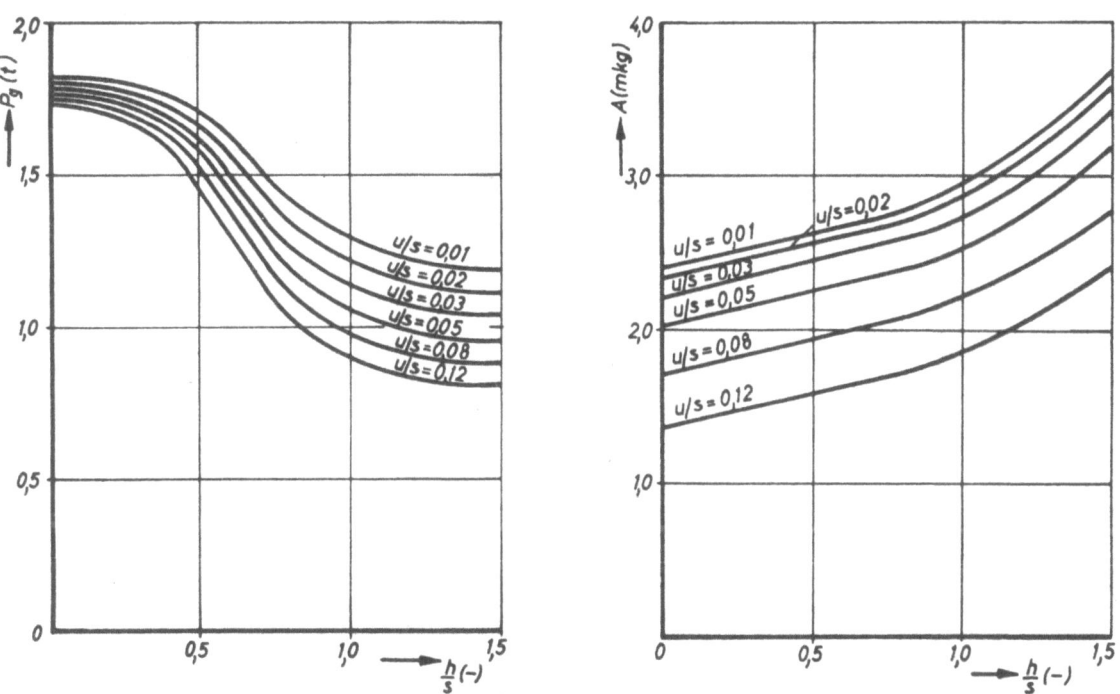

Abbildung 9 und 10

Schneidkraft und Schneidarbeit in Abhängigkeit von der Anschliffhöhe.
Werkstoff: St VIII 23, Blechdicke s = 2 mm

In welchem Maße sich diese Größen ändern, geht aus den Abbildungen 9 und 10 hervor. In Abbildung 9 ist die Schneidkraft in Abhängigkeit von dem Anschliffwinkel bzw. der auf die Blechdicke bezogenen Anschliffhöhe bei verschiedenem Schneidspalt aufgetragen. Danach strebt die Schneidkraft mit zunehmender Anschliffhöhe asymptotisch einem bestimmten Kleinstwert zu. Die größte Steigung dieser Kurve und damit die größte Schneidkraftminderung liegt bei einem Wert von h/s = 0,6 bis 0,7. Dieser Wert entspricht der für diesen Werkstoff bei Vollkantschnitten ermittelten Eindringtiefe des Stempels bis zum Anriß. Damit ist ausgedrückt, daß <u>ein dachförmiger Stempel dann zu einer verhältnismäßig größten Schneidkraftminderung führt, wenn der Stempelfirst den Einrißpunkt des Werkstoffes gleichzeitig mit dem Auftreffen der Stellen E und F des Stempels (Abb. 3) auf das Blech erreicht.</u>

Abbildung 10 zeigt die gleiche Abhängigkeit für die Schneidarbeit; sie ist bis zu dem eingezeichneten für die Schneidkraft günstigen Bereich nicht so sehr angewachsen, daß irgendwelche Bedenken entstehen können. Es ist noch zu erwähnen, daß beim Schneiden aus einem Streifen heraus die Stegbreiten in der Ebene C - D mit größerer Anschliffhöhe breiter zu halten sind wegen der größeren Randverzerrungen infolge Abstreckens des Werkstoffes.

Dr.-Ing. Friedrich Wilhelm TIMMERBEIL

Literaturverzeichnis

[1] TIMMERBEIL, F.W.
Einflüsse auf die Rückzugskräfte beim Lochen von Blechen
Mitt. Forschungsges. Blechverarbeitung (1953) Nr. 24, S. 308
Mitt. Forschungsges. Blechverarbeitung (1954) Nr. 19

[2] TIMMERBEIL, F.W.
Einflüsse auf die Rückzugskräfte beim Lochen von Blechen
Mitt. Forschungsges. Blechverarbeitung (1953) Nr. 24, S. 308/313
Journal Inst. Production Engineers (Juli 1954) S. 387

[3] OEHLER
Nachschneidpressen
Mitt. Forschungsges. Blechverarbeitung (1951) Nr. 22, S. 270/272
Mitt. Forschungsges. Blechverarbeitung (1955) Nr. 1
Mitt. Forschungsges. Blechverarbeitung (1955) Nr. 4

[4] KIENZLE, O. und F.W. TIMMERBEIL
Erzielung sauberer Schnittflächen durch Schaben
Mitt. Forschungsges. Blechverarbeitung (1955) Nr. 1 S. 2-7 und Nr. 4 S. 37-42
Mitt. Forschungsges. Blechverarbeitung (1956) Nr. 15/16

FORSCHUNGSBERICHTE DES LANDES NORDRHEIN-WESTFALEN

Herausgegeben durch das Kultusministerium

EISENVERARBEITENDE INDUSTRIE

HEFT 39
Forschungsgesellschaft Blechverarbeitung e. V., Düsseldorf
Untersuchungen an prägegemusterten und vorgelochten Blechen
1953, 46 Seiten, 34 Abb., DM 9,50

HEFT 43
Forschungsgesellschaft Blechverarbeitung e. V., Düsseldorf
Forschungsergebnisse über das Beizen von Blechen
1953, 48 Seiten, 38 Abb., 3 Tabellen, DM 11,30

HEFT 51
Verein zur Förderung von Forschungs- und Entwicklungsarbeiten in der Werkzeugindustrie e. V., Remscheid
Untersuchungen an Kreissägeblättern für Holz, Fehler- und Spannungsprüfverfahren
1953, 50 Seiten, 23 Abb., DM 10,—

HEFT 56
Forschungsgesellschaft Blechverarbeitung e. V., Düsseldorf
Untersuchungen über einige Probleme der Behandlung von Blechoberflächen
1954, 52 Seiten, 42 Abb., DM 11,20

HEFT 60
Forschungsgesellschaft Blechverarbeitung e. V., Düsseldorf
Untersuchungen über das Spritzlackieren im elektrostatischen Hochspannungsfeld
1954, 82 Seiten, 53 Abb., 7 Tabellen, DM 17,—

HEFT 61
Verein zur Förderung von Forschungs- und Entwicklungsarbeiten in der Werkzeugindustrie e. V., Remscheid
Schwingungs- und Arbeitsverhalten von Kreissägeblättern für Holz
1954, 54 Seiten, 31 Abb., DM 11,40

HEFT 65
Fachverband Schneidwarenindustrie, Solingen
Untersuchungen über das elektrolytische Polieren von Tafelmesserklingen aus rostfreiem Stahl
1954, 90 Seiten, 38 Abb., 9 Tabellen, DM 17,35

HEFT 87
Gemeinschaftsausschuß Verzinken, Düsseldorf
Untersuchungen über Güte von Verzinkungen
1954, 68 Seiten, 56 Abb., 3 Tabellen, DM 15,30

HEFT 98
Fachverband Gesenkschmieden, Hagen
Die Arbeitsgenauigkeit beim Gesenkschmieden unter Hämmern
1955, 132 Seiten, 55 Abb., 9 Tabellen, DM 24,75

HEFT 116
Prof. Dr.-Ing. E. Siebel und Dr.-Ing. H. Weiss, Stuttgart
Untersuchungen an einigen Problemen des Tiefziehens — I. Teil
1955, 74 Seiten, 50 Abb., 6 Tabellen, DM 14,50

HEFT 117
Dr.-Ing. H. Beißwänger, Stuttgart und Dr.-Ing. S. Schwandt, Trier
Untersuchungen an einigen Problemen des Tiefziehens — II. Teil
1955, 92 Seiten, 34 Abb., 8 Tabellen, DM 17,70

HEFT 150
Prof. Dr.-Ing. O. Kienzle und Dipl.-Ing. F. W. Timmerbeil, Hannover
Das Durchziehen enger Kragen an ebenen Fein- und Mittelblechen
1955, 52 Seiten, 20 Abb., 8 Tabellen, DM 11,30

HEFT 177
Dipl.-Ing. H. Stüdemann, Solingen und Dr.-Ing. W. Müchler, Essen
Entwicklung eines Verfahrens zur zahlenmäßigen Bestimmung der Schneideigenschaften von Messerklingen
1956, 104 Seiten, 68 Abb., 4 Tabellen, DM 22,20

HEFT 224
Dipl.-Ing. H. Stüdemann und Ing. R. Beu, Solingen
Verfahren zur Prüfung der Korrosionsbeständigkeit von Messerklingen aus rostfreiem Stahl
1956, 82 Seiten, 28 Abb., DM 16,90

HEFT 225
Dr.-Ing. E. Barz, Remscheid
Der Spannungszustand von Gattersägeblättern
1956, 74 Seiten, 54 Abb., DM 16,50

HEFT 277
Dr.-Ing. W. Müchler, Essen
Untersuchung und zahlenmäßige Bestimmung der Schneideigenschaften von Messern mit besonderer Berücksichtigung rostfreier Messerstähle
1956, 60 Seiten, 27 Abb., 5 Tabellen, DM 13,20

HEFT 283
Prof. Dr. F. Wever und Dr.-Ing. W. Lueg, Düsseldorf
Warmstauchversuche zur Ermittlung der Formänderungsfestigkeit von Gesenkschmiede-Stählen
1956, 44 Seiten, 19 Abb., DM 9,90

HEFT 285
Prof. Dr.-Ing. O. Kienzle, Dr.-Ing. K. Lange, Hannover und Dipl.-Ing. H. Meinert, Osterode
Einfluß der Oberfläche auf das Verschleißverhalten von Schmiedegesenken
1956, 62 Seiten, 29 Abb., 8 Tabellen, DM 14,60

HEFT 286
Dr.-Ing. K. Lange, Hannover, Dipl.-Ing. H. Meinert, Osterode, unter Mitarbeit von Dr.-Ing. H. Arend, Mülheim (Ruhr)
Verschleißverhalten hartverchromter Schmiedegesenke
1956, 74 Seiten, 53 Abb., 6 Tabellen, DM 17,65

HEFT 321
Prof. Dr. F. Wever, Düsseldorf und Dr. W. Wepner, Köln
Gleichzeitige Bestimmung kleiner Kohlenstoff- und Stickstoffgehalte im α-Eisen durch Dämpfungsmessung
1956, 30 Seiten, 3 Abb., 4 Tabellen, DM 6,80

HEFT 322
Prof. Dr.-Ing. F. Bollenrath und Dipl.-Ing. W. Domke, Aachen
Eigenspannungen in vergüteten, dickwandigen Stahlzylindern nach Oberflächenhärtung mit induktiver Erwärmung
1956, 30 Seiten, 9 Abb., 2 Tabellen, DM 6,90

HEFT 360
Dr.-Ing. E. Barz, Remscheid
Fertigungsverfahren und Spannungsverlauf bei Kreissägeblättern für Holz
1957, 68 Seiten, 40 Abb., DM 17,—

HEFT 367
Dr. rer. nat. D. Horstmann, Düsseldorf
Der Angriff eisengesättigter Zinkschmelzen auf kohlenstoff-, schwefel- und phosphorhaltiges Eisen
1957, 52 Seiten, 22 Abb., 6 Tabellen, DM 12,85

HEFT 375
Technischer Überwachungsverein e. V., Essen
Wanddickenmessungen mittels radioaktiver Strahlen und Zählrohrgerät
1958, 38 Seiten, 15 Abb., DM 9,55

HEFT 376
Technischer Überwachungsverein e. V., Essen
Wasserumlaufprobleme an Hochdruckkesseln
1958, 140 Seiten, 56 Abb., 8 Tabellen, DM 32,60

HEFT 377
Technischer Überwachungsverein e. V., Essen
Versuche an Wanderrostkesseln mit befeuchteter Verbrennungsluft
1958, 36 Seiten, 19 Abb., 2 Tabellen, DM 12,20

HEFT 395
Dipl.-Ing. L. Hahn, Clausthal-Zellerfeld
Untersuchungen zur Frage des optimalen Bohrloch- und Patronendurchmessers
1957, 132 Seiten, 49 Abb., 19 Tabellen, DM 31,25

HEFT 445
Dr.-Ing. E. Barz, Remscheid
Fertigungs- und Prüfverfahren für Feilen
vergriffen

HEFT 447
Prof. Dr.-Ing. F. Bollenrath, Aachen, Dr.-Ing. H. Füllenbach, Seesen/Harz und Dipl.-Ing. J. Schumacher, Neubeckum/Westf.
Entwicklung rationell arbeitender Spritzkabinen
1958, 44 Seiten, 26 Abb., DM 13,55

HEFT 473
Prof. Dr. phil. F. Wever, Dr.-Ing. W. Lueg und Dipl.-Ing. P. Funke jr., Düsseldorf
Versuche an einer hydraulischen 25 t-Stangenziehbank
1957, 34 Seiten, 11 Abb., DM 8,95

HEFT 557
Dr.-Ing. H. Schiffers, Dipl.-Ing. D. Ammann, Dipl.-Ing. E. Brugger und Dipl.-Ing. R. Dicke, Aachen
Härtbarkeit von Gußeisen mit Lamellen- und Kugelgraphit in Abhängigkeit von Zusammensetzung und Gefüge
1958, 30 Seiten, 24 Abb., 1 Tabelle, DM 11,—

HEFT 630
Prof. Dr. phil. W. Koch und Dr. techn. Dipl.-Ing. H. Malissa, Düsseldorf
Beiträge zur Spurenanalyse im Reineisen
in Vorbereitung

HEFT 639
Prof. Dr.-Ing. habil. K. Krekeler, Dr.-Ing. H. Peukert und Dipl.-Ing. O. Schwarz, Aachen
Auswertung der in- und ausländischen Literatur auf dem Gebiete des Metallklebens
1958, 166 Seiten, DM 37,80

HEFT 655
Dr. rer. pol. A. Th. Wuppermann, Prof. Dr.-Ing. M. Pfender Reg.-Rat Dipl.-Ing. E. Amedick im Auftrage des Vereins Deutscher Eisenhüttenleute, Düsseldorf
Untersuchung des Einflusses von Oberflächenfehlern auf die Dauerhaltbarkeit von Kurbelwellen

HEFT 680
Prof. Dr. phil. W. Koch, Dr.-Ing. A. Krisch, Düsseldorf
Änderungen im Gefügeaufbau austenitischer Chrom-Nickel-Stähle bei Zeitstandversuchen von mehrjähriger Dauer
in Vorbereitung

HEFT 681
Prof. Dr.-Ing. H. Schenck, Dr.-Ing. W. Wenzel, Aachen
Die Reduktion von Eisenerzen im Elektro-Fließbett
in Vorbereitung

HEFT 693
Prof. Dr.-Ing. O. Kienzler, Düsseldorf
Einige Untersuchungen über das Schneiden von Blechen

Ein Gesamtverzeichnis der Forschungsberichte, die folgende Gebiete umfassen, kann bei Bedarf vom Verlag angefordert werden:

Acetylen / Schweißtechnik – Arbeitspsychologie und -wissenschaft – Bau / Steine / Erden – Bergbau – Biologie – Chemie – Eisenverarbeitende Industrie – Elektrotechnik / Optik – Fahrzeugbau / Gasmotoren – Farbe / Papier / Photographie – Fertigung – Gaswirtschaft – Hüttenwesen / Werkstoffkunde – Luftfahrt / Flugwissenschaften – Maschinenbau – Medizin / Pharmakologie / Physiologie – NE-Metalle – Physik – Schall / Ultraschall – Schiffahrt – Textiltechnik / Faserforschung / Wäschereiforschung – Turbinen – Verkehr – Wirtschaftswissenschaften.

If you have any concerns about our products,
you can contact us on
ProductSafety@springernature.com

In case Publisher is established outside the EU,
the EU authorized representative is:
**Springer Nature Customer Service Center GmbH
Europaplatz 3, 69115 Heidelberg, Germany**

Printed by Libri Plureos GmbH
in Hamburg, Germany